JN215393

土壌汚染土地をめぐる
法的義務と責任

小澤　英明　著

新日本法規

はしがき

本書は、土壌汚染対策法が法律実務に与えた様々な影響を考慮して、人々がしばしば疑問に思いそうな法律上の論点について、Ｑ＆Ａ形式で解説を行ったものです。ちょうど、2017年（平成29年）の同法改正及びこれに伴う政省令の改正が2019年（平成31年）1月までに出そろいましたので、これらの改正を織り込んでいます。

また、2017年（平成29年）にいわゆる債権法改正が成立し、改正民法が2020年（令和2年）4月1日から施行されます。本書の設問を検討するに当たっては、この民法改正が法律実務にどのような影響を与えるかを予測する必要があります。もっとも、その影響を予測するに当たっても、改正前に形成されてきた判例実務は正確に理解する必要があります。その理解は、改正民法の施行日前に行われた取引にはなお改正前の民法の適用があることからも、必要なことです。したがって、本書のＱ＆Ａでは、改正前の判例実務での考え方をまず示し、民法改正で異なって考えるべき問題を必要に応じて追加して説明しています。

土壌汚染対策法についてあまり知識のない読者は、本書の第１編第１章の「第１　土壌汚染対策法の基礎」と「第２　法律改正の理由」の「１　2009年（平成21年）改正」の部分を読まれてから、ご関心のあるＱ＆Ａに飛んでいただいた方が理解が早いと思います。

本書の執筆の基本姿勢は、取り上げた設問が裁判所で議論されたならば、裁判所がどのように判断するかという視点で書くというものです。もちろん、ここに取り上げた設問は過去の裁判例で取り上げられたものばかりではありません。むしろ直接的に参考になる裁判例はかなり少ないと思います。その意味では、裁判所の判断を予測して書くことには困難がありますが、直接的に参考になる裁判例は限られていても、間接的に参考になる裁判例は豊富にあります。そのような裁判例を基礎にした法律家の常識というべきものから、本書の記載が離れていないことを願っています。また、設問全体を通して記述に矛盾がなく、全体でバランスがとれたものとすることを心がけました。

本書のＱ＆Ａの設問については、私が想定する一定の状況が前提となっています。しかし、読者がこの設問をご覧になって想定される状況が私の想定する状況と微妙に異なることがあると思います。例えば、「しかし、こういう事実が別にあれば、このＱに対するＡも変わってはきませんか。」という疑問を持たれることは十分にあり得ます。また、「このＡはこういう事実があるということを前提にしていませんか。そういう事実がなければ、このＱに対するＡも変わってきませんか。」という疑問も同様に十分あり得ます。そのような疑問を持たれることは大切なことです。そのような視点こそが法的思考を豊かにすると思うからです。

本書を手に取っていただいた方に本書を読んで良かったと思っていただけるようであれば、うれしく思います。

2019年8月

小澤　英明

略　語　表

＜法令等の表記＞

根拠となる法令等の略記例及び略語は次のとおりです（〔　〕は本文中の略語を示します。）。

土壌汚染対策法第12条第1項第1号＝法12①一
平成24年8月17日環水大土発第120817003号
＝平24・8・17環水大土発120817003

法	土壌汚染対策法
令	土壌汚染対策法施行令
規	土壌汚染対策法施行規則
民	民法
平29法44改正民〔改正民法〕	民法の一部を改正する法律（平成29年法律第44号）による改正後の民法
一般法人	一般社団法人及び一般財団法人に関する法律
汚染土壌省令	汚染土壌処理業に関する省令
区画整理	土地区画整理法
区画整理令	土地区画整理法施行令
公害費	公害防止事業費事業者負担法
公害費令	公害防止事業費事業者負担法施行令
公害紛争	公害紛争処理法
消費契約	消費者契約法
ダイオキシン	ダイオキシン類対策特別措置法
大気汚染	大気汚染防止法
宅建業	宅地建物取引業法
宅建業令	宅地建物取引業法施行令
廃棄物〔廃棄物処理法〕	廃棄物の処理及び清掃に関する法律
調査・措置ガイドライン	土壌汚染対策法に基づく調査及び措置に関するガイドライン（改訂第3版）

平成31年通知〔平成31年通知〕	土壌汚染対策法の一部を改正する法律による改正後の土壌汚染対策法の施行について（平成31年3月1日環水大土発第1903015号）
都条例	都民の健康と安全を確保する環境に関する条例
名古屋市条例	名古屋市：市民の健康と安全を確保する環境の保全に関する条例
名古屋市規則	名古屋市：市民の健康と安全を確保する環境の保全に関する条例施行細則

＜判例の表記＞

根拠となる判例の略記例及び出典の略称は次のとおりです。

最高裁判所平成22年6月1日判決、判例タイムズ1326号106頁
＝最判平22・6・1判タ1326・106

判時	判例時報
判タ	判例タイムズ
判自	判例地方自治
民集	大審院民事判例集

目　次

第1編　概　説

第1章　土壌汚染対策法の概要

第1　土壌汚染対策法の基礎

第2　法律改正の理由

第3　条例制定の理由

第2章　法的責任の一般論

第1　規制法が社会に与える影響

第2 契約責任

第3 不法行為責任

第2編 Q＆A

第1章 土地売買に伴う法的義務又は責任

第1 売主の法的義務又は責任

第３章　土地開発に伴う法的義務又は責任

第１　大規模な形質変更時の法令・条例上の義務

第２　調査義務猶予地の土地開発時の調査義務

第４章　土地所有者の法的義務又は責任

第５章　土壌汚染とＭ＆Ａ

第６章　汚染原因者の法的義務又は責任

第７章　土地区画整理事業の汚染土地をめぐる法的義務又は責任

第８章　その他汚染土地をめぐる関係者の法的義務又は責任

第9章 不要な土の処分における法的義務又は責任

資 料

索 引

第 1 編

概 説

2

第１章　土壌汚染対策法の概要

第１　土壌汚染対策法の基礎

１　土壌汚染対策法の基本構造

土壌汚染対策法は2002年（平成14年）に制定され、翌年施行されました。その後、2009年（平成21年）と2017年（平成29年）に大きな改正がありました。法律の基本構造は2009年（平成21年）改正で、おおよそ下記の内容となり、2017年（平成29年）の改正でもその骨格となる下記図1の構造は維持されています。

〔図1〕

土壌汚染対策法の構造

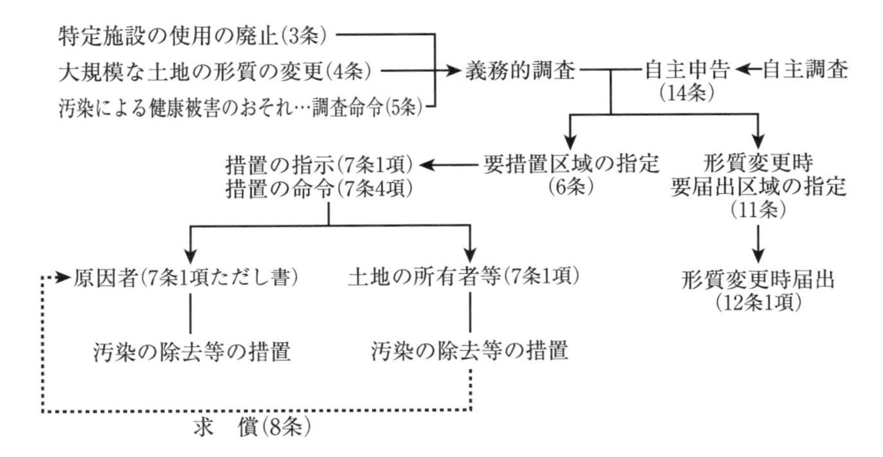

注意すべきは、土壌汚染対策法で土壌汚染対策が義務付けられるのは、同法で土壌汚染調査が義務付けられ、その調査の結果土壌汚染が判明した場合だということです。ただし、2009年（平成21年）改正で自主調査をした結果土壌汚染が判明した場合も、土地の所有者等が自主申告を行って、この法律の流れに乗せることができるようになりま

した。この自主申告をしない限り、自主調査で汚染が判明した場合は、土壌汚染対策法が発動されることはありません。つまり、世上、土壌汚染が判明するのは、土地売買を契機とした自主調査によることが多いのですが、その場合も、自主申告をしない限り、同法の規制はかからないことになります。ただし、後述する名古屋市のように、自主調査により汚染が判明した場合に土壌汚染の申告義務を課す条例がある場合がありますが、これは例外です（本章第３　２参照）。

土壌汚染対策法の義務的調査は、上記図1にあるように、三つの場合があります。第1は、3条によるもので、水質汚濁防止法上の特定施設の使用の廃止の場合です。同法に定める特定施設において特定有害物質を利用して製品の製造を行っていた工場がその操業を終了したような場合が典型的です。第2は、4条によるもので、大規模な土地の形質を変更する場合です。3,000m^2以上の開発が該当します（規22）。第3は、5条によるもので、汚染による健康被害のおそれがあるとして行政庁が調査命令を出した場合です。この第3の類型は、万一の場合の規定で、これまで発動された事例はごく僅かです。

義務的調査を行って、一定以上の濃度で土壌汚染があることが発覚すると、要措置区域（法6）か形質変更時要届出区域（法11）に指定されます。この区分けは、放置すると健康被害のおそれがあるかどうかで決せられ、ある場合は要措置区域に、ない場合は形質変更時要届出区域に指定されます。ここでいう「健康被害のおそれ」の意味は後述します（後記２参照）。

要措置区域に指定されれば、措置の指示が出ますし（法7①）、指示に従わなければ措置の命令が出ます（法7④）。問題は、誰に対して指示や命令が出るかという点ですが、同法では、土地の所有者等に出ることになっています（法7①）。ただし、原因者が土地の所有者等ではないことが明らかで、その原因者に措置を講じさせることが相当な場合は、原因者に対して指示や命令を出すことになっています（法7①ただし書）。土地の所有者等とは、土地の所有者、管理者又は占有者です（法3①）。管理者又は占有者というと広く感じますが、管理者としては破産手続等の管財人、占有者としては土地の掘削権限を有する占有者が念頭に置かれています。原因者に指示や命令を出すだけであれば、原因者責任原則に合致しているのですが、原因者に措置を講じさせることが相当ではない場合には、原因者ではない土地の所有者等に措置を講じさせることになり、原因者責任原則から離れることになります。原因者責任原則から離れることがあり得るという点は、同法の最も大きな特色です。相当ではない場合とは、原因者が不明であるとか、原因者が倒産して解散しているとか、原因者に資力がない場合とかが考えられます。原因者ではない土地の所有者等が措置の指示や命令を受けて対策を講じた場合、その対策に要した費用を原因者に求償できます（法8①)。時効期間は措置を講じてから開始します（法8②)。ただし、そもそも原因者に指示や命令を出さない場合は、原因者を特定することに困難があったり、原因者が解散していたり、原因者に資力がない場合だったりで、土地の所有者等が原因者に対して求償できる権利はあっても、効を奏さない場合がほとんどであると思われます。したがって、原因者でもないのに、措置を講じるために費用を出させられ、その回収も困難という状況が生まれます。これが土壌汚染土地を取得したくない動機となっていると説明もできます。もっとも、後述するように、「健康被害のおそれ」は、かなり限定的にしか認められませんので、土壌汚染があっても、要措置区域に指定される場合は例外的であり、以上に説明した7条1項の規定だけでは汚染土地が忌避される理由の説明としては不十分です（後記２参照)。次に説明する形質変更時要届出区域の規制や後述する汚染土壌の搬出に伴う規制、その他、汚染拡大による法的責任の発生への危惧等が全て汚染土地を忌避する理由となっていると考えることができます。

形質変更時要届出区域とは、一定以上の濃度で汚染があることが発覚したもののうち、放置しても「健康被害のおそれ」がないとして要措置区域には指定されないものの、土壌汚染がある区域として指定されるものです（法11①）。将来、開発する場合に、土地に手を入れて土壌汚染が拡散するようなことがあると困るので、形質変更時に一定の事項を届けさせ（法12①）、行政庁が必要な計画の変更を命じることができます（法12④）。

要措置区域又は形質変更時要届出区域から外に汚染土壌を搬出する場合は、厳しい規制があります（法16以下）。この点は、Q52で詳しく説明します。

2　健康被害のおそれ

土壌汚染対策法は、地中の有害物質が人体に入り健康被害が発生することを防ぐことを目的としています（法1）。1970年（昭和45年）頃まで、日本では、今から見ると存在していないといってよいくらい環境法規がありませんでした。工場廃水を工場の敷地に垂れ流したり、製造過程から生まれる廃棄物を工場の敷地に埋めたり、現在では考えられない行為が横行していました。その後、環境法規が徐々に充実し、今や、規制を遵守している限り、健康被害をもたらす有害物質による新たな土壌汚染が生まれる余地はまずないといってもよいと思われますが、過去の時代の土壌汚染は多くの土地に残っています（土壌汚染に関する過去の規制については、小澤英明「日本における土壌汚染と法規制－過去および現在」都市問題101巻8号（2010年）44頁以下参照）。この滞留性ということが土壌汚染の特徴であり、相当に過去の原因行為の土壌汚染が多くの土地に見られます。このような土壌汚染が地下に滞留しているままで、人間の体内に入らないのであれば、健康被害はもたらされませんが、その人体への曝露経路が遮断されていない場合は、健康被害のおそれがあります。したがって、その曝露経路を遮断することが同法の目的となっています。

土壌汚染対策法では、健康被害をもたらす物質しか規制の念頭にはありません。そのため、その物質が体内に入ることで健康被害があるかどうかで規制対象物質を定め、「特定有害物質」として指定しています。現時点で、同法が規制対象物質としている特定有害物質は26種類です（法2、令1）。油分等、しばしば土壌汚染として問題となる物質であっても、健康被害をもたらすという知見が確立していないとして、同法の規制対象とはされていません。すなわち、生活環境の悪化をもたらすことがあっても健康被害をもたらすとまでいえない物質は、同法の対象外とされています。

健康被害をもたらす曝露経路としては二つの経路を分けて考えています。一つは直接摂取リスクであり、今一つは地下水飲用リスクです。直接摂取のリスクは、地表に近いところにある特定有害物質が口や鼻孔から体内に入るリスクであり、子供たちの土遊びだけでなく、地表近い土が風に吹き上げられて体内に入ることも含まれます。ただ、直接摂取リスクは地表近くの特定有害物質が対象ですので、盛土をしてカバーするとか舗装するとか、比較的安価な対策で対処が可能です。一方、地下水飲用リスクは、地中にある特定有害物質が雨水に溶けて地中深く浸透していって、地下の帯水層に達し、地下水を汚染し、汚染された地下水を近隣で飲用する人に健康被害をもたらすリスクです。特定有害物質の種類に応じて、拡散するスピードも異なるので、現在、環境省は、下記の**表1**により、当該土地の境界線から一定範囲の土地に飲用井戸があるかどうかで地下水飲用リスクによる健康被害のおそれの有無を判断しています（平成31年通知）。

〔表1〕

特定有害物質の種類	一般値（m）
第一種特定有害物質	おおむね　1,000
六価クロム	おおむね　500
砒素、ふっ素及びほう素	おおむね　250
シアン、カドミウム、鉛、水銀及びセレン並びに第三種特定有害物質	おおむね　80

3　リスクと調査方法

上述したように、健康被害のリスクは、直接摂取のリスクと地下水飲用リスクとに分けることができます。前者のリスクは土壌含有量調査により、後者のリスクは土壌溶出量調査により判断します。土壌含有量調査とは、土壌の中にどれだけ特定有害物質が含まれるかを調べるものです。土壌溶出量調査とは、土壌を水に溶かした場合にどれだけ特定有害物質が溶け出るかを調べるものです。このような調査を行って一定以上の濃度（法6①一、規31）（以下「濃度基準」といいます。）の汚染が検出されれば、当該土壌は汚染された土壌と判断されることになります。

この基準はかなり厳しく設定されています。実は、土壌汚染対策法の制定よりずっと前の1991年（平成3年）に「土壌の汚染に係る環境基準について」（平3・8・23環境告46）なるものが制定されました。そこでは汚染土壌が水に溶けて地下水を汚染することがないようにという観点と、汚染土壌が水に溶けて農作物に蓄積して農作物経由で健康被害が生じないようにという観点から、「人の健康を保護し、及び生活環境を保全するうえで維持することが望ましい基準」を「環境基準」として定めました。この環境基準と土壌汚染対策法の溶出量基準とは、数値が同一です。「望ましい基準」として守るべき環境基準が土壌汚染対策法の規制基準と同一であるということは、土壌汚染対策法の規制基準がいかに厳しいものであるかを示しています。これは、井戸水を1日2ℓ以上一生涯（70年を想定）飲み続ける人が、問題の土地の土壌汚染を原因として病気になるかどうか（閾値がない物質であれば、10万分の1以上の確率で発病リスクが増大するか）という判断基準です。土壌含有量基準も厳しいもので、その土地で一生涯（70年を想定）生活をしたら病気になるかどうか（閾値がない物質であれば、10万分の1以上の確率で発病リスクが増大するか）という判断基準です。このような厳しい基準が採用されていますので、土壌汚染対策法の規制基準を超過した濃度の汚染が判明したといっても、この基準を僅かに超過した極めて軽微な汚染から、甚だしく基準を超過している深刻な汚染まで汚染の程度は様々です。

ところで、土壌汚染対策法は特定有害物質として26物質を指定しています（法2、令1）。土壌汚染としてしばしば問題になる油汚染は対象外です。それは、油汚染は悪臭等で生活環境を悪化させるものとは認識されていても、健康被害をもたらすという知見が確立されてはいないからです。また、健康被害をもたらすダイオキシン類による土壌汚染は土壌汚染対策法成立以前のダイオキシン類対策特別措置法により別途規制されています。さらに、放射性物質による土壌汚染も、土壌汚染対策法の規制対象外です。土壌汚染対策法の特定有害物質は、3種類に分かれます。第一種特定有害物質は揮発性有機化合物です。第二種特定有害物質は重金属です。第三種特定有害物質は農薬です（規4）。

第一種特定有害物質は、まず土壌ガス調査を行って、土壌ガス調査において特定有害物質が検出された場合に、深部土壌の溶出量調査に進みます。第二種特定有害物質は、土壌含有量調査と土壌溶出量調査を行います。第三種特定有害物質は、土壌溶出量調査を行います。いずれも、平面的にどのポイントを調査するのかという問題と深さはどの範囲を調査するのかという問題があります。

ここで注意すべきは、調査には3段階があるということです。第1段階は、試料を採取するいわゆるサンプル調査よりも前の段階で、土地の利用履歴の調査を行うものです。地歴調査と呼びます。第2段階は、土壌汚染があるかないかの判断を行う調査です。概況調査と呼びます。第3段階は、土壌汚染対策工事を行うに当たって、どの範囲に汚染が広がっているかを確定するための調査で、詳細調査と呼びます。

まずは、地歴調査を行って、平面的に、汚染が存在する可能性が比較的多い部分、汚染が存在する可能性が少ないと認められる部分、汚染が存在する可能性のない部分に分けます。

次に概況調査に進みます。汚染が存在するおそれが比較的多いと認められる土地は、10mメッシュで区画を区切ってサンプル調査を行う区画を決めていきます。この10m四方の区画を単位区画と呼びます。各単位区画の中で1地点を決め、試料の採取を行うのですが、その地点は、汚染が存在するおそれが多いと認められる部分における任意の地点です。汚染が存在する可能性が少ないと認められる部分は、30mメッシュで区画を区切ります。この場合の試料採取ポイントも規定があります。基準値超過の汚染が判明すれば、その30m四方の区画内の単位区画ごとに試料採取をして調査を進めます。汚染が存在する可能性のない部分は、サンプル調査を行いません。ここで注意すべきは、この3分類で間違うと調査の意味がなくなるほど致命的であるということと、この3分類は容易ではないということです。この点については後述します（後記４参照）。

次にどの深さの試料を採取するかですが、土壌ガス調査は、試料の採取地点において、表層から80ないし100cmまでの深度の地中における土壌ガスを採取し、そのガス中の特定有害物質の量を測定します。特定有害物質が検出されたら、地表から深さ10mの深部までにある土壌をボーリング調査により採取して、溶出量調査を行います。土壌溶出量調査や土壌含有量調査については、試料採取地点における、汚染のおそれが生じた場所の位置から深さ50cmまでの間の土壌全て（地表から深さ10mまでの範囲にある土壌に限ります。）を採取し、測定することとされています。したがって、地表近くに汚染のおそれが生じた場所の位置があれば、極めて浅い部分しか調査されないことになります。かかる試料採取による土壌溶出量調査や土壌含有量調査で、基準値超えの汚染が判明すると、当該単位区画の土地は汚染されていると判断されます。この段階では、どの深さまで汚染されたかの確定はなされません。

汚染の広がりの判断は、第3段階の詳細調査によって行います。注意すべきは、詳細調査は、対策措置の一部と考えられていることです。詳細調査の方法は法定されてはいませんが、環境省水・大気環境局土壌環境課が発表している「土壌汚染対策法に基づく調査及び措置に関するガイドライン」（平成31年3月改訂第3版）（以下「調査・措置ガイドライン」といいます。）に示されています。この調査で、どの深度まで汚染が拡大しているかを判断することになります。深さは、1m単位で資料を採取していきます。したがって、基準超過の汚染が判明した場合は、10m四方の深さ1m単位で汚染土と考えることになり、100m^{3}単位で汚染土として処理されます。もっとも、汚染の絞り込みをもっと精度高く行うことも考えられますが、絞り込み調査に要する費用と汚染土量の対策費用との兼ね合いでの判断となります。

4 調査の限界

地歴調査を経て、汚染が存在する可能性が比較的多い部分、汚染が存在する可能性が少ない部分、汚染が存在する可能性がない部分に3分類して、調査を進めてゆくことは上述したとおりですが、この3分類は必ずしも容易ではありません。それは、1970年（昭和45年）までは、現在から見ればほとんど環境法規がないに等しい時代であったからです。したがって、有害物質を含む廃液を工場敷地に浸透させたり、有害物質を含む廃棄物を地中に埋めたりすることもありました。1970年（昭和45年）以前のこのような行為の記録が、土地の部分まで特定して残されていると考えることがいかに不合理かは誰にもすぐに分かります。したがって、もっともらしく地歴調査結果が出ていても、1970年（昭和45年）以前に操業していた工場敷地については、特にその3分類がいかなる基準で判断されたかを確認する必要があり、不十分と判断すれば、再度地歴調査をやり直すか、敷地全体に汚染が存在する可能性が比較的多いとして10m四方の単位区画で調査をするか、検討が必要です。

土壌汚染の調査は、全量調査ではありません。既に説明しましたが、10m四方の単位区画の中のあるポイントから一定の深さの土を試料として採取するわけですから、単位区画の汚染を、その一つのポイントで完全に把握できるわけもありません。あくまでも、単位区画ごとに調査していくことで、相当程度高い確率で汚染の把握ができるのではないかという見込みのもとに行っているにすぎません。したがって、採取ポイントから離れた場所から汚染が広がっていれば、採取ポイントの深度方向に試料を採取しても汚染を把握できずに終わるということがあるわけです。実務上、土壌汚染対策法に基づいた調査方法を厳格に遵守し、各種ガイドラインにも従い、行政庁の助言にも従って調査しても、結果的に把握できなかった汚染が、後日、建設工事を行った場合の残土処分のときに、また、10m四方の単位区画の切り方が変わったことで（広大な土地の場合、しばしば分筆して転売されることがありますので、メッシュの切り方の起点が変わることがあるからです。）見つかったという事例はまれではありません。

以上の2点、すなわち過去の土地の利用履歴の把握の限界と全量調査ではないことによる汚染の把握の限界は、常に意識しておく必要があります。

5　対策について

土壌汚染対策法の要措置区域に指定されれば、対策を指示され、対策を講じなかったら措置命令が出ます（法7）。問題は、どういう対策の指示や命令が出るのかです。土壌汚染対策法では健康被害を防ぐために、汚染土壌の特定有害物質が人間の体内に入るルートを遮断するように指示や命令が出ますが、必要最小限のものが出ます。したがって、特定有害物質を当該土地から除去しなくとも、つまり当該土地に残したままでも、対策として十分とされます。

直接摂取リスクの観点で、土壌含有量調査により基準値を超えた汚染が地表部分に存在することが判明した場合、盛土が原則的な対策とされています。立入禁止の措置でも認められます。舗装も可能です。

要するに、原則的には土壌汚染の除去までは求められませんが、乳幼児の砂遊び等に日常的に利用されている砂場等では、土壌汚染の除去まで求められます。

地下水飲用リスクの観点で、土壌溶出量調査により基準値を超えた汚染が地中に存在していることが判明しても、汚染が地下水に達していない場合は地下水モニタリングをまずは実施すればよいとされており、地下水まで汚染されて初めてそれ以上の対策が求められます。ここでいう「地下水」とは帯水層のことです。地下水とは、広義では地中の水の総称ですが、狭義では帯水層の水を指しています。地層を作る粒子の隙間や岩石中の微小な割れ目が、水を自由に通す程度に大きい層を透水層といいますが、このような透水層の中で、地下水で満たされた（飽和された）部分が「帯水層」と呼ばれており、この帯水層の汚染を地下水汚染と呼びます。地下水まで汚染が達すれば、土壌汚染対策の指示又は命令が出ることになりますが、必要最低限の措置でよいとされています。措置の種類としては、原位置封じ込め、遮水工封じ込め、地下水汚染の拡大の防止（これは、揚水施設による地下水汚染の拡大の防止、透過性地下水浄化壁による地下水汚染の拡大の防止の措置を意味しています。）、土壌汚染の除去、遮断工封じ込め、不溶化等が、各種特定有害物質ごとに、また、第二溶出量基準（廃棄物処理法の遮断型最終処分場で処分しなければならない産業廃棄物及び特別管理産業廃棄物に関する判定基準とほぼ同じ基準で、土壌溶出量基準の3倍から30倍までの溶出量をもって定められています。）にも不適合か否か等でとり得る選択肢が定められています（規40・別表6）。なお、概要は、以下の表2・3のとおりです（調査・措置ガイドライン411・414頁参照）。

〔表2〕

表5.2.2−1　地下水の摂取等によるリスクに対する汚染の除去等の措置

地下水汚染の有無	措置の種類	第一種特定有害物質（揮発性有機化合物）		第二種特定有害物質（重金属等）		第三種特定有害物質（農薬等）	
		第二溶出量基準		第二溶出量基準		第二溶出量基準	
		適合	不適合	適合	不適合	適合	不適合
なし	地下水の水質の測定	◎	◎	◎	◎	◎	◎
あり	地下水の水質の測定	○*1	×	○*1	×	○*1	×
	原位置封じ込め	◎	◎*2	◎	◎*2	◎	×
	遮水工封じ込め	◎	◎*2	◎	◎*2	◎	×
	地下水汚染の拡大の防止	○	○	○	○	○	○
	土壌汚染の除去	○	○	○	○	○	○
	遮断工封じ込め	×	×	○	○	○	◎
	不溶化	×	×	○	×	×	×

【凡例】
◎講ずべき汚染の除去等の措置（指示措置）
○環境省令で定める汚染の除去等の措置（指示措置と同等以上の効果を有すると認められる措置）
×選択できない措置

*1　土壌の特定有害物質による汚染状態が目標土壌溶出量以下であり、地下水の汚染状態が目標地下水濃度以下である場合に限る

*2　汚染土壌の汚染状態を第二溶出量基準に適合させた上で行うことが必要

〔表3〕

表5.2.2−2　直接摂取によるリスクに対する汚染の除去等の措置

措置の種類	通常の土地	盛土では支障がある土地*1	特別な場合*2
舗装	○	○	○
立入禁止	○	○	○

【凡例】
◎講ずべき汚染の除去等の措置（指示措置）
○環境省令で定める汚染の除去等の措置

盛土	◎	×	×	（指示措置と同等以上の効果を有すると認められる措置） ×選択できない措置
土壌入換え	○	◎	×	
土壌汚染の除去	○	○	◎	

＊1　「盛土では支障がある土地」とは、住宅やマンション（1階部分が店舗等の住宅以外の用途であるものを除く。）で、盛土して50cmかさ上げされると日常生活に著しい支障が生じる土地

＊2　乳幼児の砂遊び等に日常的に利用されている砂場等や、遊園地等で土地の形質の変更が頻繁に行われ盛土等の効果の確保に支障がある土地については、土壌汚染の除去を指示することとなる

以上で分かるように、土壌汚染対策法で予定している対策は様々であって、健康被害のおそれがなくなるための最低限の手段でよいとされているのですが、実務上は、土壌汚染の除去ばかりという状況です。土壌汚染の除去には、掘削除去と原位置浄化の二つがありますが、多くは掘削除去の対策がとられています。土壌汚染の除去が選択されるのは、土壌汚染を残したままの対策では、その後の土地利用において様々な支障があり得ること、対策のために施工した工作物があればその工作物の経年劣化対策も継続的に必要になること、汚染が残存していることについての嫌悪感を払拭できないこと等の理由からです。また、土壌汚染の除去でも、原位置浄化よりも掘削除去が多く採用されているのは、掘削除去の方が短期的に確実に汚染を除去できるからです。ただし、掘削除去は汚染土壌の処分に多額のコストがかかります。土地売買のトラブルで土壌汚染が深刻な問題に発展するのは、掘削除去を行えば多額の費用がかかることによります。

第2　法律改正の理由

1　2009年（平成21年）改正

2002年（平成14年）に土壌汚染対策法が制定されてから、7年後の2009年（平成21年）に土壌汚染対策法に大きな改正がありました。実務的に大きな点は、①義務的調査の契機に3,000m²以上の形質の変更が加わったという点（法4）と、②土壌汚染の判明した区域を2種類に分類し、要措置区域と形質変更時要届出区域とに分けた点（法6・11）と、③自主調査の結果を申告することで法の適用を受けられるようにした点（法14）と、④汚染土壌の運搬処理に関する規制を正面から法定したという点（法16）です。

後述する東京都の環境確保条例では、既に3,000m²以上の土地の改変に当たっては、土地改変者に過去の土地の利用履歴等を知事に届けさせ、知事が土壌汚染のおそれがあると判断した場合は土地の改変者に土壌汚染調査を求めることができるという規定を置いていました（都条例117）（本章第3　1参照）。国が土壌汚染対策法に同様の規定を挿入したものが、同法4条です。この条項が挿入されたことで、法律上調査義務のある機会が格段に増えました。

2009年（平成21年）改正以前は、義務的調査で土壌汚染が判明した場合、調査した区域は指定区域に指定され、必要に応じて対策の命令が出るというものでした。しかし、土壌汚染が判明しても、そのまま利用するのであれば特段問題なく、造成等手を入れるときだけ注意すべき区域と、健康被害の防止の観点から速やかに対策が求められるべき区域とがあって、この両者は法律上も明確に区分けして対応することが望ましいとの判断から、この両者を区分けすることにして、前者を形質変更時要届出区域とし、後者を要措置区域としました。併せて、要措置区域等と呼ばれています。

また、土壌汚染対策法制定後の土壌汚染調査のうち、9割近くが自主調査でした。多くは法律上の調査義務があるか否かにかかわらず、土地取引の際に調査がなされたからですが、この調査も多くは土壌汚染対策法所定の調査によるものでしたので、これを地方公共団体が把握することは、国民の健康被害を防止する観点からも望ましいものです。また、2009年（平成21年）改正で、土壌汚染が判明した区域でも、前述のとおり、形質変更時要届出区域と要措置区域に区分けして、汚染が判明しても対策を講じる必要がない形質変更時要届出区域に該当するものならば、そのことを対外的にも明らかにしたいという企業の要請もあり、所定の調査を行った自主調査結果を同法の規制対象にできる自主申告制度が導入されました（法14）。

さらに、規制対象とされた指定区域から汚染土壌を区域外に搬出することについては、土壌汚染対策法制定時、土壌汚染対策法9条4項を受けた同施行規則36条4号で規制していましたが、分かりづらい規定となっていました。そこで、2009年（平成21年）改正では、土壌汚染対策法の要措置区域等から汚染土壌を搬出するに当たって、排出、運搬、処理について、正面から規制を加え、処理については許可を得た処理業者に委託しなければならなくなりました（平21改正後の法4章）。また、関係規定の遵守を確保するため、管理票（いわゆるマニフェスト）制度を廃棄物と同様に汚染土壌にも適用しました（法20）。このように、汚染土壌の排出、運搬、処理については、廃棄物処理法の廃棄物の排出、運搬、処分とは別建ての規制となっています。なお、要措置区域等から搬出された土の処理の流れは、以下の図2のとおりです。

〔図2〕

汚染土壌の処理の内容と施設の定義

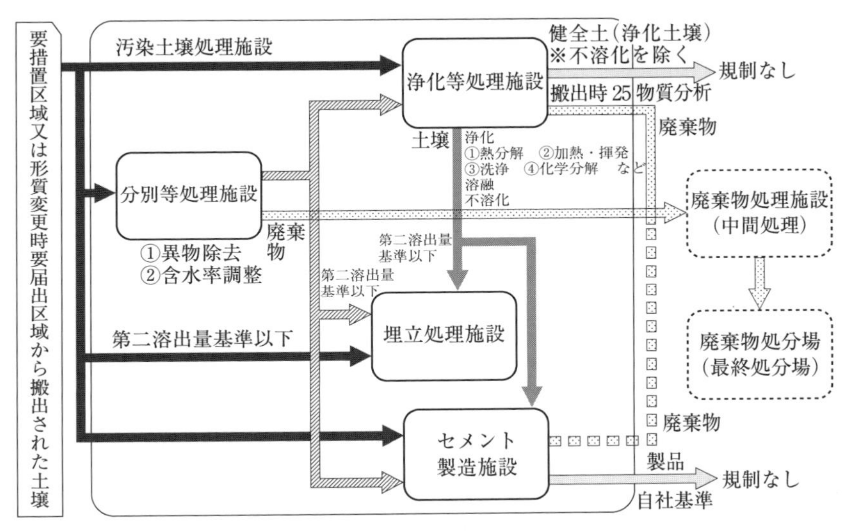

(中央環境審議会部会（平成22年5月18日）資料4をもとに作成)

2　2017年（平成29年）改正

(1)　2009年（平成21年）改正後の課題

2009年（平成21年）改正後の施行状況を顧みて、2016年（平成28年）12月12日に中央環境審議会答申が出され、その答申を踏まえて、2017年（平成29年）5月19日に土壌汚染対策法が一部改正されました。2009年(平成21年)改正後の施行状況から次の3点が課題とされていました。すなわち、第1は、土壌汚染対策法3条1項ただし書により土壌汚染状況調査が猶予されている土地においては、土壌汚染状況の把握が不十分であり、地下水汚染の発生や汚染土壌の拡散が懸念されました。第2は、要措置区域で汚染除去等の措置が必要な区域において、適切な措置が計画されなかったり、実施されなかったりした場合も、是正するメカニズムが法定されておらず、是正されないままとなっているという問題です。第3は、リスクに応じた規制の合理化が必要であるという課題です。すなわち、臨海部の専ら埋立材等に由来する汚染のある工業専用地域は、健康被害のおそれが低いものの、大規模な土地の形質変更を行う場合、その都度届出や調査が必要とされ、過度の規制になっているという問題です。また、基準不適合が自然由来又は埋立て由来による土壌であっても、区域外に搬出される場合には、汚染土壌処理施設での処理が義務付けられており、過度の規制となっているという問題です。

(2)　2017年（平成29年）改正による対応

以上の課題に応えて、法改正が行われました。2017年（平成29年）改正は、上記図1の土壌汚染対策法の基本構造を変更するものではなく、細かい変更ですので、特に関心がない読者は、以下は読み飛ばしてください（条文を追って真面目に読み出すと頭がくらくらしてきます。）。

以下に、2017年（平成29年）の法改正及びこれに関する省令の改正に基づき、環境省水・大気環境局長が都道府県知事政令市長に宛てて発出した2019年（平成31年）3月1日付けの「土壌汚染対策法の一部を改正する法律による改正後の土壌汚染対策法の施行について」（環水大土発1903015）と題する通知（以下「平成31年通知」といいます。）を踏まえて説明します。

ア　猶予された土壌汚染状況調査について

まず、第1の課題については、土壌汚染対策法3条1項ただし書により土壌汚染状況調査が猶予されていた土地において、形質の変更の対象となる土地の面積が900m²以上（規21の4）の場合は、猶予の確認を受けている土地の所有者等は、土地の形質の変更の場所及び着手予定日等を事前に都道府県知事に届け出なければならず（法3⑦）、この場合、都道府県知事は、土地の所有者等に対し、指定調査機関に土壌汚染状況調査を行わせてその結果を報告させるものとしました（法3⑧）。なお、この改正に連動しますが、土壌汚染対策法4条の大規模な形質変更時の届出が、現に有害物質使用特定施設が設置されている工場又は事業場の敷地では、3,000m²ではなく900m²以上とされることになりました（規22）。なお、ここで解説してしまいますが、従来、大規模な形質変更時において、形質変更の深さより深いところに汚染がある可能性があるような場合も、土壌汚染の調査をさせることについて必要性があるのかと問題とされていました。そこで、改正後の土壌汚染対策法3条8項及び4条2項・3項に基づく土壌汚染状況調査では、そのような場合は土地の形質の変更に伴う汚染の拡散リスクが低いことから、単位区画における土地の形質変更に係る部分のうち最も深い位置の深さから1mを超える深さにのみ汚染のおそれが生じた場所の位置があるときは、当該単位区画についてサンプル調査をしなくてよいことになりました（規4④・6③一ただし書・8②一ただし書・10の2①四ただし書・10の3①三ただし書）。

イ　要措置区域における是正メカニズムについて

第2の課題に対しては、都道府県知事が土地の所有者等に対して、要措置区域内における措置内容に関する計画の提出命令や、措置が技術的基準に適合しない場合の変更命令等を行うこととすることが規定されました（法7）。

ウ　リスクに応じた規制の合理化について

（ア）　臨海部の開発時の規制

第3の課題の一つ目の論点である臨海部の開発時の規制ですが、形質変更時要届出区域において形質変更の事前届出の例外が認められることになりました（法12①一）。この例外が認められる土地は、臨海部特例区域と呼ばれ（土壌汚染に関する台帳として土壌汚染対策法15条

1項に基づき作成される台帳の詳細について定めている土壌汚染対策法施行規則58条5項13号に「臨海部特例区域」の定義があります。)、土地の土壌の特定有害物質による汚染が専ら自然由来又は専ら土地の造成に係る水面埋立てに用いられた土砂に由来し（法12①一イ)、人の健康に係る被害が生ずるおそれがない（法12①一ロ）ものでなければなりません。ここで、人の健康に係る被害が生ずるおそれがないとして土壌汚染対策法施行規則で定められている要件としては、工業専用地域又は工業専用地域と同等の用途規制が条例で行われている港湾法の工業港区（併せて「工業専用地域等」といいます。）であり、土地から海域までの間に地下水の下流側に工業専用地域等以外の地域がないこととされています（規49の5)。この臨海部特例区域の特例を受けて土地の形質の変更をしようとする場合は、「土地の形質の変更の施行及び管理に関する方針」(「施行管理方針」と呼ばれています。）というものを作成して知事の確認を受け、その施行管理方針に基づいて形質の変更を行う必要があります。この形質の変更をした者は、1年ごとに1年間における形質の変更について所定事項を図面に添付して都道府県知事に届け出ればよいとされました（法12④、規52の3・52の4)。なお、平成31年通知では、「施行管理方針の確認申請は、原則として、既に形質変更時要届出区域（自然由来特例区域又は埋立地特例区域）に指定されている土地について行うことを想定しているが、区域指定されていない土地においても、土壌汚染対策法14条に基づく指定の申請とともに、施行管理方針の確認の申請のための手続を行うことができる。なお、施行管理方針の確認を受けた土地は、形質変更時要届出区域台帳」「において、臨海部特例区域である旨を記載することができる。」とあります。したがって、自然由来特例区域や埋立地特例区域の可能性がありながら、それらには指定されないまま、臨海部特例区域という形質変更時要届出区域に指定されることがあり得ることが分かります。

（イ）　自然由来等の基準不適合土の処理

第3の課題のもう一つ大きな論点であった自然由来又は埋立て由来（併せて「自然由来等」といいます。）の基準不適合土の処理の問題ですが、これについては、都道府県知事へ届け出ることにより、同一の地層への移動が可能になりました（法18①二）。この場合は、汚染土壌処理業者に汚染土壌の処理を委託する必要はありません。ただし、土壌汚染対策法施行規則で規定する要件に該当する必要があります。要件とは、まず自然由来等の汚染土壌といっても、「自然由来等形質変更時要届出区域」にあるものでなければならず、同区域は、「形質変更時要届出区域のうち、土壌汚染状況調査の結果、当該土地の土壌の特定有害物質による汚染が専ら自然又は専ら当該土地の造成に係る水面埋立てに用いられた土砂に由来するものとして、環境省令で定める要件に該当する土地の区域」と定義されています（法18②）。ここでいう環境省令とは、土壌汚染対策法施行規則65条の4のことですが、第二種特定有害物質の汚染であり汚染状態が第二溶出量基準に適合するものであること等の要件が規定されています。実務的には、この「自然由来等形質変更時要届出区域」に都道府県知事がタイムリーに指定してくれるのだろうかという不安がよぎりますが、改正の趣旨に従って、タイムリーな指定が望まれるところです。なお、今回の改正は、一つの自然由来等形質変更時要届出区域（以下「出し地」といいます。）内の自然由来等の汚染土壌を他の自然由来等形質変更時要届出区域（以下「受け地」といいます。）の土地の形質の変更に使用することを目的にしており、出し地と受け地との間の関係についても一定の要件が満たされることが求められています。この点については、土壌汚染対策法18条1項2号にイとロの二つの要件が規定されていますが、その詳細は、改正後土壌汚染対策法施行規則65条の2・65条の3で規定されました。ロにある出し地と受け地の地質の同一性ということが土壌汚染対策法施行規則でどのように規定されるのかが注目されましたが、自然由来の場合は、「汚染状態が地質的に同質な状態で広がっていること」(規65の3一)、埋立て由来の場合は、「埋立てに係る埋立地が同一の港湾であること」(規65の3二) というかなり大まかな規定にとどまりました。自然由来等形質変更時要届出区域となり得る土地は、実質的には、自然由来特例区域や埋立地特例区域となり得る土地とほぼ重なると思われますが、多少要件の違いがあります (例えば、土壌汚染対策法施行規則65条の4第1号ニは、自然由来等形質変更時要届出区域に該当するための要件ではありますが、自然由来特例区域で要求されている要件ではありません。)。なお、この改正で可能となった自然由来等形質変更時要届出区域間の汚染土壌の移動に当たっては、形質変更時要届出区域からの汚染土壌の搬出に係る所定事項に加えて、受け地の所在地を搬出時より14日前までに届け出なければなりません (法16①七)。この搬出時の届出内容に問題があれば、都道府県知事から変更命令が出ます (法16④)。また、汚染土壌の搬出に当たっては、管理票の規制もあります (法20⑨)。

なお、第3の課題の対策として、自然由来等の基準不適合土の処理のための特別の汚染土壌処理施設である自然由来等土壌利用施設の制度が、2019年 (平成31年) 1月28日改正、同年4月1日施行の、汚染土壌処理業に関する省令の改正で導入されました。この施設には二種類あり、一つは、自然由来等土壌を土木構造物の盛土の材料その他の材料として利用するための施設で、自然由来等土壌構造物利用施設と呼ばれています (汚染土壌省令1五イ)。もう一つは、自然由来等土壌の公有水面埋立法による公有水面の埋立てを行うための施設で、自然由来等土壌海面埋立施設と呼ばれています (汚染土壌省令1五ロ)。この自然由来等土壌利用施設は、自然由来等土壌を一定の施設まで運んで利用するものですので、処理費用は低くなることが期待できます。

第3　条例制定の理由

1　東京都の環境確保条例

国が土壌汚染対策法を制定したのは2002年（平成14年）ですが、東京都が土壌汚染対策を条例に位置付けたのは2000年（平成12年）であり、国よりも土壌汚染対策を先行させました。すなわち、2000年（平成12年）に、それまでの東京都公害防止条例を全面的に改正し、「都民の健康と安全を確保する環境に関する条例」、いわゆる東京都の環境確保条例を制定しました。同条例は翌年施行されました。土壌汚染対策法は、2009年（平成21年）改正で、本章第2の「1　2009年（平成21年）改正」のとおり、大規模な土地の形質の変更時の調査義務が加わり、調査義務が生じる契機として、①工場等の使用を廃止するとき（法3)、②土地の形質変更を行うとき（法4)、③健康被害のおそれがあるとき（法5）とそろい、東京都の環境確保条例とほぼ同様の態勢になりましたが、同条例は、この三つの契機が最初から入っていました。すなわち、①工場等を廃止するとき（都条例116)、②土地の改変（「形質変更」に相当）を行うとき（都条例117)、③健康被害のおそれがあるとき（都条例114）とありました。

なぜ、都の方が先行したのかという点ですが、1999年（平成11年）頃から次第に市街地の土壌汚染が顕在化し、2000年（平成12年）頃から工場跡地で大規模な土壌汚染が相次いで発覚したということが大きかったようです。私の経験では、1998年（平成10年）頃から外資の日本不動産買いあさりという現象が始まり、土壌汚染についての法整備が遅れているということが外資の側からも指摘されるようになりました。法整備のない中で、このように買主に土壌汚染の関心が高まったことから、土壌汚染に関する規制への関心が高かった東京都から土壌汚染対策に関する規制が始まったことは自然な流れだと思います。

このように、調査義務が発生する契機は、今や国の土壌汚染対策法と東京都の環境確保条例とで類似していますが、微妙に要件が異なりますので、注意が必要です。本書では、各自治体の独自の条例まで検討する余裕がありませんので、土壌汚染対策法に対する特例を定めている条例としては、東京都の環境確保条例と次に紹介する名古屋市の環境確保条例しか取り上げません。しかし、土壌汚染については、国の土壌汚染対策法と異なる内容を含む地方の条例とがあり得ることに注意が必要です。もっとも、地方自治体で独自の条例があっても、ほとんどは、国の土壌汚染対策法から大きく逸脱するものではないと思われますので、土壌汚染対策法の規制をまず正確に理解した後に、違いに目を向ければ足りると考えます。

東京都の環境確保条例と土壌汚染対策法との間には、微妙ですが小さくはない差異がいくつかあります。例えば、法4条は3,000m^2の形質の変更時に調査義務が発生し得るものですが、この条文に相当するものが同条例117条です。同条では、敷地面積3,000m^2以上の土地の改変が調査義務の発生の契機となり、敷地の大きさを問題とします。法4条では、その手を加える部分の合計面積を問題にし、合計面積が合計3,000m^2以上（規22）にならなければ調査義務が発生しません。したがって、同条例の方が調査義務の発生する場合が多くなります。このように微妙な違いがありますので、都のウェブサイト等の解説を見つつ、両者の差異を確認して対応する必要があります。

2　名古屋市の環境確保条例

名古屋市の土壌汚染対策の条例は、国の土壌汚染対策法とは異なる独自の規制をいくつか置いています。最も注目すべき点は、自主調査の結果土壌汚染が判明した場合、その土壌汚染の調査結果を名古屋市に報告することを義務付けている点です。同様の規制は三重県でも行われていますが、一般的ではなく注意が必要です。名古屋市は、土壌汚染対策法が施行された2003年（平成15年）には、独自に「市民の健康と安全を確保する環境の保全に関する条例」（「名古屋市の環境確保条例」といいます。）を制定しました。土壌汚染対策法の目的が国民の健康の保護にあるところ（法1）、この条例は、「現在及び将来の世代の市民が健康で安全な生活を営むことができる良好な環境を保全すること」（名古屋市条例1）を目的としているために、法律以上の対応を求めています。

第1に、努力義務ではありますが、特定有害物質（土壌汚染対策法の特定有害物質と同義）又はこれを含む固体若しくは液体（併せて「特定有害物質等」と呼ばれています。）を取り扱い、又は取り扱っていた工場等（「特定有害物質等取扱工場等」と呼ばれています。）を設置している者（「特定有害物質等取扱事業者」と呼ばれています。）は、その工場の敷地である土地の土壌及び土地にある地下水の特定有害物質による汚染の状況を把握するように努めなければならないとされています（名古屋市条例54①）。

第2に、3,000m^{2}以上の土地の形質の変更の場合、形質変更をしようとする者は、地歴調査の結果を市長に報告しなければなりません（名古屋市条例57①）。これは、土壌汚染対策法4条3項の汚染のおそれの判断に活用させるためです。また、法律では3,000m^{2}未満の形質の変更は義務的調査の契機にはなりませんが（法4、規22）、この条例では特定有害物質等取扱業者がその設置している特定有害物質等取扱工場等の敷地で、500m^{2}以上3,000m^{2}未満の土地の形質の変更をする場合は、義務的調査の契機になります（名古屋市条例55①、名古屋市規則49）。

第3に、上述のとおり、法又は条例で土壌汚染の調査が義務的ではない調査、すなわち自主調査の結果、汚染が判明したときは、名古屋市に対して報告義務があります（名古屋市条例57の2）。

以上のように、法では要求されていない調査がこの条例では要求されるので、これらの条例独自の義務的調査で土壌汚染が判明した場合は、条例独自の区域指定があります。

すなわち、溶出量基準に適合しない土地は、①健康被害のおそれがあれば措置管理区域に（名古屋市条例58①二）（健康被害のおそれがあるかないかは近くに飲用井戸等があるかどうかで判断（名古屋市規則53一ア））、②健康被害のおそれはないが生活環境被害のおそれがある場合は拡散防止管理区域に（名古屋市条例58の4）、③健康被害のおそれもなく生活環境被害のおそれもなければ形質変更時届出管理区域（名古屋市条例58の8）に、それぞれ指定されます。拡散防止管理区域に指定されるのは周辺の土地における飲用井戸はなく地下水の汚染が健康被害につながることはないものの、汚染された地下水の湧出により環境基準に適合しない公共用水域の地点がある場合です（名古屋市規則53の7一ア）。また、そのような地点がなくとも、重金属等の汚染で第二溶出量基準に適合しないような場合も拡散防止管理区域に指定されます（名古屋市規則53の7一イ）。このような問題がなければ、形質変更時届出管理区域に指定されます（名古屋市条例58の8①）。

含有量基準に適合しない土地は、①健康被害のおそれがあれば措置管理区域に（名古屋市条例58①二）（健康被害のおそれがあるかないかは当該土地に人が立ち入ることができる土地かどうかで判断（名古屋市規則53一イ））、②人が立入りできない土地は形質変更時届出管理区域に指定されます（名古屋市条例58の8①）。

以上の各区域に対応した名古屋市独自の規制が条例で整備されています。

以上で分かるように、名古屋市の環境確保条例は、条例が発動される契機が、土壌汚染対策法が発動される契機より広いため、法では対象とされない汚染土地が条例対象の土地となって、より多くの土地の汚染状況を市が把握できます。

3　千葉県の残土条例

土壌汚染対策法の2009年（平成21年）改正により、前述のとおり、汚染土壌の運搬基準が定められ、汚染土壌の処理業者も許可を要することになりました（法17・18）。したがって、汚染土壌は、これらの規制で適切に運搬され、処理されることが求められています。汚染土壌の行方は、前記図2のとおりですが、このように処理にコストを要します。

土壌汚染対策法の規制は、要措置区域又は形質変更時要届出区域（「要措置区域等」と呼ばれています。）からの汚染土壌の搬出です（法16）。ところが、自主調査により土壌汚染が判明した土壌は、要措置区域等からの汚染土壌の搬出ではないので、直接的には規制がかかりません。ただし、Q54で説明しますが、環境省は、地方公共団体に対し、このような規制対象外の汚染土壌でも要措置区域等からの搬出と同様に運搬し、許可を受けた処理業者に処理を委託するように行政指導することを求めています。

汚染されていない、一般の建設残土に関しては、汚染がされていないという前提で、残土処分場が残土を受け入れます。そこで、少なからぬ地方公共団体では、健全土だけを受け入れるように受入れ土を制限することを残土処分場に義務付けています。これが残土条例です。千葉県の残土条例（正式名称は、「千葉県土砂等の埋立て等による土壌の汚染及び災害の発生の防止に関する条例」です。）は、東京での建設残土の多くが千葉県に運び入れられますので有名であり、1997年（平成9年）に制定されています。

どの残土条例でも残土として受入れ可能な土壌の基準（千葉県の残土条例では「安全基準」と呼ばれ、土壌の汚染に係る環境基準に準じて定められています。）を設定しています。その基準を満たすことを明らかにするために、残土を運び込む者はそのサンプルを調査機関に調査させます。地方公共団体ごとに、どの地点でサンプルを採取すべきかを規定しています。千葉県では、2010年（平成22年）8月10日の「土砂等発生元証明書の取扱いについて」と題する特定事業許可事業者宛ての通知の中の「発生元証明書に添付する平面図、断面図について」において、「敷地に対する搬出土砂範囲及び地質試料採取位置平面図、断面図に表記する。5点混合による地質検体の採取位置は、できるだけ搬出土砂全体に配置する。」と指示しています。問題は、汚染されていないと思われていた土地や、汚染されていたものの汚染土の掘削除去等を行って汚染を除去した土地から採取したサンプルに汚染が見つかってしまい、その土地の土を通常の残土処理に回せないことが判明することです。これは、土壌汚染調査のサンプルの採取地点と残土処分場から指示されるサンプルの採取地点が全く異なることから発生します。そのため、購入した土地に汚染が残存していたとして紛争に発展することも少なくありません。この場合の問題は、Q14の解説も参照してください。

第２章　法的責任の一般論

第１　規制法が社会に与える影響

１　土壌汚染対策法と土地評価

本編第１章第１の「１　土壌汚染対策法の基本構造」のとおり、土壌汚染対策法は、一定の場合だけを義務的調査の契機にしており、義務的調査によって土壌汚染が判明した場合でなければ、同法の規制は適用がないものとしています。その意味で、義務的調査で土壌汚染が判明した場合でなければ、土壌汚染に無関心であってよいようにも思えますが、そうではありません。規制法の存在は、人間の活動に様々な影響を及ぼすからです。このことは、同法の濃度基準（本編第１章第１　３参照）を超えた土壌汚染があることが判明した土地の評価に現れています。

濃度基準を僅かに超えた軽微な汚染とはるかに超えた深刻な汚染とでは、健康被害をもたらすリスクの観点ではかなり大きな違いがあるのですが、濃度基準を僅かにでも超えると、そのような違いを考慮することなく、現在の土地取引市場では汚染土地の烙印を押されてしまい、大きく減価して評価されます。すなわち、土壌汚染除去費用を減価されて取引されることも少なくありません。もちろん、土地の用途や買主の購入動機等は様々ですので一概にはいえませんが、他に代替可能な清浄な土地があれば、汚染土地をあえて求める買主はいません。そこで、汚染除去を短期間で確実に行う掘削除去という対策を売主に求めるか、それに要する費用だけ減価がなされて取引が成立することが少なくないのです。土壌汚染対策法が適用される土地か否かが問われずに、同様の評価をすることに合理性があるのかという疑問も提起され得ますが、特別の事情がない限り、通常の買主は土壌汚染の存在自体を嫌うので、このような評価になりがちです。なお、土壌汚染があることによる市場での評価は、今後、変わり得ますので、常に市場ではどういう評価がされているかに注意する必要があります。

市場取引で通常どのような金額で取引されているかということと、土地収用や土地区画整理や市街地再開発という公的事業に巻き込まれる土地の評価をいかに行うかということは、別に考える必要があると考えます。この点については土地区画整理事業における土地評価の問題として、Q46で解説します。

２　土壌汚染対策法と土地取引

土壌汚染対策法が制定された後、企業が土地を購入する場合、土地が汚染されていないかということに非常に神経質になりました。それは、汚染土地を購入したら様々な法規制を受けるとか、汚染土地での活動では健康被害が心配されるかもしれないとかの直接的な不利益だけを気にしているのではありません。適切な価格で購入しているのかという点をより気にしています。マンションデベロッパーは、土壌汚染に非常に敏感なのですが、それは、土壌汚染があるままでは、分譲がほぼできない現実があるからです（分譲に当たって、土壌汚染が残っているのならば、その説明を購入者にせざるを得ず、マンション購入者が残存汚染を嫌うという現実があります。）。したがって、土壌汚染があれば、汚染を除去するためのコストだけ減価した金額でなければ、買おうとしません。汚染された土地が市場では安くしか出回らないのは、このような理由があります。不注意に高値で購入することは、株式会社であれば、取締役の善良な管理者としての注意義務に反して会社に損害を与えることにもなりかねず、土壌汚染に非常に神経質になるのです。

したがって、今や、大きな土地取引では、通常、土壌汚染の心配のない土地であるかどうかの地歴調査をしますし、汚染のおそれのある土地であれば、サンプル調査をして土壌の汚染の有無を確認します。2002年（平成14年）の土壌汚染対策法の制定までは、土壌汚染の調査をした上で土地取引を行うことはまれでした。このように、土壌汚染対策法は土地取引に大きな影響を与えるようになりました。

第2　契約責任

1　瑕疵担保責任

現在、土壌汚染が紛争になる典型的な事例は、土地を売買した後に、土壌汚染が判明したことについての土地取引者間の紛争です。例えていえば、汚染がない土地であれば時価1億円だが、汚染があるので時価8,000万円としか市場で評価されていないところ、汚染がないと思って購入したために、買主が2,000万円の損害を受けたとしてその賠償を売主に請求するというような事例です。これは、民法では瑕疵担保責任として解決されるべき問題です。つまり、当事者が予定していた性状や機能が売買の目的物に欠けている、すなわち欠陥のある目的物が売買された場合の問題です。この欠陥を、民法では「瑕疵（かし）」と呼んでいます。民法570条で、売主は買主に対して売買の目的物に隠れた瑕疵があれば、買主が被った損害を賠償する責任があることが定められています。つまり、このような場合、買主は、売主に対して瑕疵担保責任を追及できると売買契約書に書いてなくても、法律上当然にその責任を追及できます。このような法定された責任を法定責任と呼びますが、契約で特約も可能ですので、民法で規定されている法定責任としての瑕疵担保責任が原則としてあり、特約によりその責任内容が修正されるということになります。瑕疵担保責任の原則は何であって、契約でどこまでの特約が有効であるかについては、細かく検討が必要ですので、第２編のＱ＆Ａで詳説します。

2 民法改正が契約責任に与える影響

2017年（平成29年）5月に従来の民法を大きく改正する、いわゆる債権法改正の法律が成立し、2020年（令和2年）4月1日から施行されます。2020年（令和2年）3月までの取引には従来の民法の規定が適用されます。この民法改正の目的としたところは、不都合な規定を改正するというのではなく、従来の判例の集大成を分かりやすい条文で表現するというものでした。そのため、この観点から従来の民法の規定が様々に変更されました。また、少なからぬ点で従来の判例で定まっていた取扱いを実質的に変更する改正が行われました。後者は変更の意図が明確なので、変更の意図を汲んだ解釈ができます。しかし、前者は学説の理論的整理を前提にして条文の言葉を変更しているものですので、その変更が従来の判例を変更することにつながるのかどうか判然としません。そのため、裁判の予測可能性が低下するおそれがあります。

例えば、瑕疵担保責任という言葉も改正民法の中では使われていません。これは、「契約不適合責任」（平29法44改正民562）と呼ばれることになりますが、土地や中古建物のような特定物も、ビールや衣服や家電製品のような不特定物と同様に、物の欠陥については、債務不履行責任として整理をすべきとの学説の整理のもと、条文が大きく書き換えられています。その結果、解除の要件、修補請求権の有無、損害賠償の内容、損害賠償責任期間等に少なからぬ影響が出ます。

第2編では、従来の民法の考え方でまず整理した上で、改正民法では考え方を変えるべき法律上の論点について検討します。個別具体的な論点ごとに注意が必要ですが、私の改正民法の解釈の基本姿勢は、改正条文の字句が従来の判例を変更すべきことを明らかに強いる場合を除いて、改正条文の字句の変更を理由に従来の判例を変更させるべきものではないというものです。また、そのように解釈することこそが、今回の民法改正の趣旨に合致すると考えます。

第３　不法行為責任

１　一般不法行為責任

土壌汚染が問題になる法的責任は、大きく分けると契約責任と不法行為責任です。そのほか、物権的請求権や不当利得返還請求権に対応した法的義務も議論になり得ますが、特殊な事例を除いて、実務的には、契約責任と不法行為責任をまず検討することになります。

契約責任は契約に基づく責任ですので、問題となる当事者間に契約がなければなりません。契約関係にない当事者間の法的責任を論じる場合は、不法行為責任が成立するかを検討する必要があります。不法行為責任も一般不法行為責任（民709）と土地工作物責任（民717）とがあることに留意が必要です。土地工作物責任は、後述しますが、特別不法行為責任であり、被害者の救済が一般不法行為責任よりも容易ですので、土地工作物（典型的には建物ですが、土壌汚染の場合はガソリンスタンドの地下タンクがしばしば問題になります。）の瑕疵に関する不法行為責任の問題は、まず土地工作物責任で検討することが必要です。

一般不法行為責任と土地工作物責任との相違点は、後者は土地工作物の設置又は保存に瑕疵があれば、土地工作物の所有者に故意過失がなくとも土地工作物の責任を問えるところです（民717①）。一方、前者は、不法行為者に故意過失が必要です（民709）。設置又は保存に瑕疵があるのに故意過失が不要であるというのはどういうことかといえば、瑕疵と損害の発生との間に因果関係がありさえすれば、土地工作物責任を問えるということです。これに対し、一般不法行為責任の場合は、不法行為と損害との間に因果関係があるだけでは法的責任が発生しません。当該損害についての不法行為者の予見可能性がないと過失を問えません。

２　土地工作物責任

土地工作物責任は、土地の工作物の設置又は保存に瑕疵があって、他人に損害を生じた場合の占有者又は所有者の責任です（民717①）。第一次的には占有者に責任が発生しますが、占有者が損害の発生を防止するのに必要な注意をしたときは、占有者は責任を免れ、所有者が無過失責任を負います（民717①ただし書）。

第　2　編

Q & A

第１章　土地売買に伴う法的義務又は責任

第１　売主の法的義務又は責任

1　売主の土壌汚染調査義務

当社は土地を売却しようと考えていますが、売買に当たって土壌汚染調査が義務付けられることはありますか。

土地を売却するからといって土壌汚染の調査を行うことを売主が法的に義務付けられることはありません。しかし、土壌汚染が疑われる土地については、土壌汚染を調査しなければ、適切な買主を見つけられず、事実上調査を強いられることが多いと思われます。また、土地売買を契機に、特定有害物質を取り扱っていた水質汚濁防止法の特定施設の使用を廃止する場合は、特定施設の廃止を理由に調査義務が生じることが原則です。

解　説

1　土壌汚染対策法の土壌汚染調査義務

土壌汚染対策法（以下「法」といいます。）は、法で義務付けられた土壌汚染の調査の結果、汚染が判明した場合に、土地の所有者等に対して一定の法規制を行うものです。その調査義務が課されている場合は限定的であり、法3条、4条、5条に限られています。法3条は、水質汚濁防止法上の特定施設の使用を廃止する場合です。法4条は、3,000m²以上（規22）の形質変更の場合で、大規模開発の場合です。法5条は、健康被害のおそれがあるために調査が必要な場合です。

土地の売買自体は法3条、4条、5条のいずれの規定にも該当しませんので、売買をするからといって土壌汚染調査の義務が発生することはありません。ただし、これまで水質汚濁防止法上の特定施設で特定有害物質を使用していたところ、工場をたたんで土地を売却するという場合は、法3条が正に適用されますので、売買の前段階で同条の義務的調査を行う必要があります。

２　土地売買と土壌汚染調査

過去に土壌汚染を生じさせる可能性がある土地の使用をしていた場合は、しばしば買主から土壌汚染調査報告書の提出を求められることがあります。買主としては、過去にその土地がどのように利用されていたのか分かりません。売主は、取得以前は不明であっても、自らが取得した後の土地の利用履歴は把握しているのが通常です。したがって、土壌汚染の可能性のある土地については、買主が売主に土壌汚染調査を求めることは当然のことであるといえます。

このように、法的義務ではなくとも、土壌汚染調査を事実上強いられることがあります。もちろん、法律上の義務ではないので、買主からの要求を断って、土壌汚染の調査をせずに売却できる相手方とだけ売買契約を締結するという選択もありますが、そのような選択をする場合は、売買価格に影響が出ます。買主の立場からは、どんな土壌汚染があるかも分からないので、土壌汚染リスクを見込んで大きく減価した金額でしか買値を付けないからです。もっとも、土壌汚染が判明した場合は瑕疵担保責任（改正民法の下では契約不適合責任）を追及するという前提で、又はその場合の法的責任を売買契約書に明確に規定することで、正常価格で契約を締結できる場合もあるかもしれません。しかし、売買契約後に土壌汚染が判明すると、それをどのように取り扱うかで紛争が生じやすいものです。したがって、売主に調査の時間がないといった特別の事情でもない限り、土壌汚染の可能性のある土地については、土壌汚染調査をせずに売買契約を締結することは避けたいものです。

3　法3条1項による調査

(1)　特定施設の使用の廃止時点の調査

土地上で特定有害物質を取り扱っていた水質汚濁防止法上の特定施設の使用を廃止して、土地を売却しようとする場合は、法3条1項により、土壌汚染の調査が義務付けられることが原則です。

仮に、御社が土地の所有者にすぎず、特定施設の設置者は別の会社、例えば借地人のＡ社であっても、Ａ社から特定施設の使用の廃止が都道府県知事に届出がされると、都道府県知事から御社に対し、法3条3項により、その使用が廃止された旨の通知が出ます。この通知が出ると、御社に調査義務が発生します（法3①）。以上については、Q22も参照してください。ただし、御社から土地を購入するＢ社が調査義務を負うことについて、Ｂ社と合意していれば、Ｂ社に通知が出ます（規17）。

なお、調査自体は、指定調査機関（法3⑧）と呼ばれる専門業者が行いますが、指定調査機関も有害物質使用特定施設（法3①）の設置者であった者の協力を得ないと的確な調査はできません。この点を考慮して、法61条の2で、有害物質使用特定施設を設置していた者による土壌汚染状況調査への協力義務が規定されています。

仮に、特定施設の廃止をしても、一定の場合は法3条1項ただし書により、調査の猶予を受けられますが、これは、引き続いて工場敷地として利用するような場合です。買主が工場敷地としてなお土地を利用するような場合には、調査猶予の可能性があります。

(2)　法3条1項ただし書の調査猶予の土地の調査

既に水質汚濁防止法の特定施設の使用は廃止しているものの、調査の猶予を受けている土地を、これから売却しようとする場合については注意が必要です。

すなわち、法3条1項にはただし書があって、「ただし、環境省令で定めるところにより、当該土地について予定されている利用の方法からみて土壌の特定有害物質による汚染により人の健康に係る被害が生ずるおそれがない旨の都道府県知事の確認を受けたときは、この限りでない。」とあります。このただし書による確認によって、調査義務の猶予を受けた事例は多数あります。同条で引用されている環境省令とは、土壌汚染対策法施行規則16条3項のことですが、その一つの類型に「工場又は事業場（当該有害物質使用特定施設を設置していたもの又は当該工場若しくは事業場に係る事業に従事する者その他の関係者以外の者が立ち入ることができないものに限る。）の敷地として利用されること」（規16③一）が確実であると認められる場合があります。売却対象土地が前に特定有害物質の使用を終了していたものの、工場として継続して使用されていたため、この確認を得て調査を猶予されていたような場合は、売買を契機に猶予を受けられなくなることがあります。

すなわち、法3条1項ただし書の規定によって調査の猶予を得ていた者が、当該土地の売却を検討するに当たって、工場等の建物を除去して更地にして売却することを考えている場合は、もはや当該土地は工場敷地として利用されるわけではないので、法3条1項ただし書の要件を充足しないことになります。したがって、法3条5項に従って、確認に係る土地の利用方法の変更をしようとするものとして、事前に知事に届け出ることになり、都道府県知事は、確認を取り消すことになります（法3⑥）。確認が取り消されることで、土壌汚染調査義務が復活することになりますので、調査が義務的となります。

なお、法3条1項ただし書による調査の猶予を受けた土地の譲渡を受ける者は、譲渡人の地位を承継します（規16④）。したがって、土地所有権の移転より前に調査が行われた場合を除くと、譲受人（買主）に潜在的な調査義務が受け継がれることに注意する必要があります。

2　隠れた土壌汚染が判明した場合の瑕疵担保責任の原則と例外

購入した土地について土壌汚染調査をしたところ、土壌汚染が判明しました。どういう場合に、どれだけ、いつまで売主に法的責任を追及できますか。

土壌汚染が隠れた瑕疵に該当する場合、売主に瑕疵担保責任を追及できます。瑕疵を知ってから1年以内に請求する必要がありますが、会社間の売買のように商人間の売買の場合では引渡しから6か月以内に瑕疵があったことを売主に通知しなければなりません。瑕疵担保責任は契約責任ですから特約で変更が可能ですが、宅地建物取引業法の規制には注意が必要です。また、改正民法では瑕疵担保責任に大きな変更が加えられていますので、注意が必要です。

解　説

1　瑕疵担保責任の原則的考え方

まず、2020年（令和2年）4月1日（改正民法の施行日）より前に締結された売買契約について解説します（平29法44改正民附則34①）。この場合、改正民法は適用されませんので、改正前の民法の瑕疵担保責任で考える必要があります。

瑕疵担保責任においては、売買の目的物に隠れた瑕疵があれば、売主は買主に対して瑕疵担保責任を負います。瑕疵のために売買の目的を達成できない場合、買主は売買契約を解除できます。瑕疵のために損害を被れば、損害賠償の請求ができます（民570・566①）。損害額は、瑕疵があることが判明していたら成立していたと思われる売買価格と現実の売買価格との差額が基本ですが、これに加えて付随的に支出した費用も損害と考えられます。損害を請求するに当たり、売主の責に帰すべき事由は不要です。買主に売主に対する瑕疵修補請求権はありません。

買主は売主に対して、瑕疵を知った時から1年以内に請求する必要があります（民570・566③）。判例上、請求するには「少なくとも、売主に対し、具体的に瑕疵の内容とそれに基づく損害賠償請求をする旨を表明し、請求する損害額の根拠を示すなどして、売主の担保責任を問う意思を明確に告げる必要がある」（最判平4・10・20判タ802・105）とされています。また、判例上、この請求権は時効にかかるとされていますので（最判平13・11・27判タ1079・195）、会社間の売買のように、請求権が商事債権であれば、引渡しから5年で時効により消滅します。したがって、時効期間内に訴訟提起等の時効中断が必要となります。

2　注意すべき特別法の規制

(1)　商法526条2項

商人間の売買で目的物に瑕疵があった場合の瑕疵担保責任は、買主が引渡しを受けてから6か月以内に瑕疵があることを売主に通知する必要があります（商法526②）。会社間の売買はこれに当たりますので、この規制がかかります。この条文は、すぐには瑕疵かどうかが分からない瑕疵に関しては不都合なものです。土壌汚染の調査を引渡しから6か月以内に行えと強いることは、多くの場合不合理です。特に売主から提供されている土壌汚染の調査結果を前提に取引がなされている場合、想定外の汚染が発見されるのは、引渡し後相当期間が発生してからです。サバの缶詰ならば、蓋を開ければすぐに瑕疵が分かりますが、土壌汚染は容易には分かりません。改正民法ではこの条文には手が加えられていません（ただし、「瑕疵」を「契約不適合」と言い換えています。）。

(2)　宅地建物取引業法40条

宅建業者が非宅建業者に宅地建物を売買した場合、売主は最低2年間瑕疵担保責任を負います（宅建業40①）。これを排除する特約は無効です（宅建業40②）。

(3)　消費者契約法

消費者契約法は、事業者と消費者との契約、すなわち消費者契約において消費者を保護するための法律です。消費者契約は、原則として、法人と個人との契約です。典型的には会社と個人との契約です。ただし、事業を行う個人は、法人同様事業者として扱われますので（消費契約2②）、そのような個人と事業を行わない個人（いわゆる消費者（消費契約2①））との契約も消費者契約ですし、法人とそのような個人との契約は事業者間の契約となって、消費者契約としては扱われません。

消費者契約において事業者の瑕疵担保責任を全部免責にする条項は無効です（消費契約8①五）。問題は、消費者契約法10条の規定です。この規定は、「消費者の不作為をもって当該消費者が新たな消費者契約の申込み又はその承諾の意思表示をしたものとみなす条項その他の法令中の公の秩序に関しない規定の適用による場合に比して消費者の権利を制限し又は消費者の義務を加重する消費者契約の条項であって、民法第1条第2項に規定する基本原則に反して消費者の利益を一方的に害するものは、無効とする。」というもので、かなり漠然としています。民法1条2項は信義誠実の原則ですので、社会的に見て特に看過できない帰結をもたらす特約が問題にされると考えておけばよいと考えますが、民法の任意規定から外れた特約で消費者に不利なものは、この条項で無効とされないか注意を払うことが必要です。

３　改正民法における相違点

(1)　「瑕疵」から「契約不適合」へ

改正民法では、「瑕疵」という言葉を使わずに「契約不適合」という言葉を使うことになりました。言葉の問題だけでなく、ここには考え方の違いが表れています。改正民法では、瑕疵担保責任も一種の債務不履行責任であるという考え方で整理されています。以下では、従来の民法でも改正民法でも議論ができるように、「瑕疵」や「契約不適合」という言葉の代わりに「欠陥」という言葉で説明してみたいと思います。以下の説明でお分かりいただけると思いますが、改正民法では様々な問題が発生します。個別の案件ごとに工夫が必要ですので、契約上工夫すべきことは、Ｑ３以降のより具体的な設問の中で、適宜検討し、本設問では一般的な説明にとどめます。

(2)　追完請求と代金減額請求

改正民法では、売主から買主に渡された物に欠陥があれば、契約に従った履行がなされていないとして、債務不履行責任を問えると整理されています。したがって、追完請求の一つとして、修補請求もできます（平29法44改正民562①）。不動産の売買では、これまで新築住宅については、民法の特則としての住宅の品質確保の促進等に関する法律により修補請求権が認められてきましたが（住宅の品質確保の促進等に関する法律95③）、住宅にかかわらず、また新築であるか中古であるかにかかわらず、さらに土地についても修補請求ができることになりました。ここは、大きな変更です。この追完請求を行っても売主が追完しない場合に、買主は売主に対して代金の減額を請求できます（平29法44改正民563②）。

土地や中古建物の場合は、引き渡される物の内容が一義的には決まりませんので、修補請求とは何かをめぐって、深刻な紛争が発生しかねません。土壌汚染のある土地では、特段の汚染土を除去して清浄な土を入れる、いわゆる掘削除去を修補請求として当然に請求できるのかが問題になります。売主が単純に拒絶すれば、買主は代金減額請求と損害賠償請求という対応になると思われますが、買主があくまでも掘削除去を請求した場合にその請求が追完請求として成立するかは、大きな論点です。

私個人の見解は消極です。それは、土壌汚染の絞り込みが持つ問題からです。土壌汚染といっても、現時点ではいわゆる10m四方の単位区画ベースの深度1m刻みで（要するに100m^{3}単位で）、汚染がある単位区画かどうかを判断しています。しかし、それは、土壌汚染対策法における土壌汚染状況調査の調査方法がそうであるというだけのことで、その100m^{3}の土が全部汚染されているというわけではありません。売主から、「その100m^{3}全てが汚染状態ならばその100m^{3}を掘削除去するが、そうでなければ、汚染されていない土まで掘削除去する義務はないはずで、その100m^{3}全てが汚染されていることを証明しろ。」と反論されたら、証明しようもありません。したがって、100m^{3}全てを除去して汚染のない土と入れ替えろという請求は成り立たないのではないかと考えます。現在、掘削除去を100m^{3}単位で行っているのは、それ以上の精密な調査で更に汚染土の場所を突き詰めることは物理的には可能であっても、調査に多くのコストがかかるからです。これまでの民法の下で損害賠償額を単位区画ベースで行った調査で判明した汚染について、単位区画ベースで対策をしたらいくらかかるかという判断によっているのは、そのようなコスト計算が合理的であるからにすぎません。

なお、追完の方法が複数あり、何が適切な追完の方法かを判断し難い場合には、共通の問題として、複数ある選択肢の中で買主が満足できない選択肢を売主が選択した場合にどう考えるべきかという問題があります。例えば、買主が売主に対して、追完請求として、掘削除去を求めたところ、売主がバイオレメディエーションの原位置浄化で対応したいと言ってきた場合を考えてみます。改正民法では、562条1項ただし書で「ただし、売主は、買主に不相当な負担を課するものでないときは、買主が請求した方法と異なる方法による履行の追完をすることができる。」とあり、掘削除去でなくバイオレメディエーションが代替策としてただし書適用にふさわしい事案かが問題になります。果てしなく議論が続きそうです。改正民法562条1項ただし書では、複数の追完の可能性がある場合は、売主が追完方法を指定できるように読めてしまいます。しかし、それでは買主の救済としても不適切で、売主が買主の満足できない追完方法を指定した場合は、買主は、追完請求せずに損害賠償を求めることができると解すべきではないかと考えます。

しかし、追完請求せずに、履行に代わる損害賠償請求ができるのかという別の論点があります。この論点については、調査漏れの土壌汚染が判明した場合のQ19で詳しく説明します。また、関連する論点としては、仮にできるとしても、その損害には代金減額請求部分（平29法44改正民563）とそれにとどまらない損害（平29法44改正民564）があるはずで、これを分けて議論しなければならないのかという論点があります。後者の損害賠償は、下記(4)で説明しますが、売主の責に帰すべき事由が必要ですが、減額請求には売主の責に帰すべき事由は不要とされますので、分けて議論すべきことになると考えます。

(3)　改正民法における解除権

改正民法では、履行遅滞や履行不能による解除に当たっては、相手方の責に帰すべき事由を要求しません（改正民法541条本文。これは従来の民法541条本文と同一ですが、従来は、相手方の責に帰すべき事由が必要であると解されていました。）。ただし、催告に意味がある場合は催告が必要です（催告が原則であることは改正民法541条、催告が不要な場合は改正民法542条。）。また、軽微な不履行であれば解除権を行使できません（平29法44改正民541ただし書）。このように契約不履行の場合の解除については、大きな変更がありました。目的物に欠陥がある場合は、改正民法では、一種の債務不履行と考えますので、修補請求をしても修補されない場合は、解除できます。解除できない場合は、不履行が軽微な場合です。条文では、「ただし、その期間を経過した時における債務の不履行がその契約及び取引上の社会通念に照らして軽微であるときは、この限りでない。」ということになります。前述のように、従来、瑕疵の場合の解除権は、契約の目的を達成できないときしか行使できませんでしたが、改正民法の下では、不履行が軽微でなければ解除ができることになり、解除権の行使が緩く認められる可能性が出てきました。

実は、この点は改正民法の抱える大問題の一つです。例えば、引渡し後に土壌汚染が判明して、買主が掘削除去を求めてきたとします。売主は、原位置浄化でもいいはずだとして、瑕疵修補の内容を争っていたところ、掘削除去を催告期間に行わないのは売主の債務不履行で解除すると買主が通知したらどうなるのかという問題があります。土壌汚染の瑕疵修補を行わないことは、決して「軽微な」不履行ではないと考えると、もし、掘削除去の請求が適切であると解されれば、解除までできることになります。解除を恐れる売主としては、掘削除去は追完請求としては請求できないと反論したくとも、反論が通らない場合を考えて、買主の要求に屈服することを強いられかねません。従来の民法は、契約の目的が達成できるか否かで解除の可否を検討していたのですが、そのハードルが相当に低くなりかねないので、買主が解除を主張すれば、解除の可否が大きな争点になり得ます。このようなことにならないように、解除は契約の目的が達成できない場合に限定されること等の規定を特約で規定しておくべきで、十分な注意が必要です。なお、私個人の見解ですが、改正民法で瑕疵担保（契約不適合）責任の場合の解除のハードルが相当に低くなったようにも見える点は否定できないものの、本来、その意図がなく改正がされてしまっているので、特定物売買の解除は、契約の目的が達成できない場合に限ると解すべきだと考えます。

(4)　改正民法における損害賠償

改正民法では、売買の目的物に欠陥がある場合、債務不履行の問題と考えますので、相手方に責に帰すべき事由がないと損害賠償請求ができません（平29法44改正民564・415）。ここが従来の瑕疵担保責任としての損害賠償とは異なります。瑕疵担保責任としての損害賠償においては、売主の責に帰すべき事由は不要とされていたからです。売主が、土壌汚染がある土地とは知らずに売却した場合、売主に責に帰すべき事由がないと評価すべき場合も少なくないと思われます。その場合、改正民法下では、損害賠償を請求できないことになります。しかし、代金減額請求には相手方の責に帰すべき事由は必要ないとされていますので、代金減額請求はできると説明されることになります。なぜ、代金減額請求が相手方の責に帰すべき事由を必要としないのかというと、代金減額請求は一部解除の性格を有するからと説明されていますが、不可分債務には適切な説明と思えません。問題は、それ以上の損害は相手方の責に帰すべき事由が必要になるという点です。この点は大きな問題をはらんでいます。例えば、土壌汚染は土壌汚染状況調査で判明しても、対策を講じるには詳細調査で土壌汚染の全体的な広がりを把握する必要があります。これには多額の調査費用がかかることもあるのですが、売主に責に帰するべき事由がないとして、その費用を損害としては賠償請求できなくなるおそれが出てきます。この点は、契約の特約で従来どおりの処理ができるように工夫する必要があると思います。

(5)　改正民法における契約不適合責任の追及期間

従来の民法においては、上記のとおり、欠陥を知ってから1年以内に買主は売主に対して瑕疵担保責任を追及する請求を行わなければ失権します。しかし、改正民法では、欠陥を知ってからなすべきことは「請求」ではなく、欠陥がある旨の通知です（平29法44改正民566）。そうすることで、時効期間が経過するまで請求を待つことが可能です。改正民法では、消滅時効期間も改正されました。商事債権と民事債権の区別なく、債権の消滅時効期間は、主観的起算点（債権者が権利を行使することができることを知った時）から5年、客観的起算点（債権者が権利を行使できる時）から10年とされました（平29法44改正民166①）。したがって、1年以内に欠陥を通知すれば、5年を経過するまで何を補修請求するのか、解除権を行使するのか否か、代金減額請求権としていくらを請求するつもりか、それに加えて損害賠償をいくら請求するつもりか、明らかにしなくてよいことになりました。しかも、引渡し時に売主が欠陥を知っていたり重大な過失があって知らなかったりした場合は、買主は1年以内に欠陥を通知する必要もありません。改正民法の下では、売主は長く買主の請求を受けかねない不安定な立場に立ちます。この点も、従来の最高裁の判断（最判平4・10・20判タ802・105）、すなわち、瑕疵担保（契約不適合）責任を追及するには、欠陥を知ってから1年以内に、「少なくとも、売主に対し、具体的に瑕疵の内容とそれに基づく損害賠償請求をする旨を表明し、請求する損害額の根拠を示すなどして､売主の担保責任を問う意思を明確に告げる必要がある」という判断に即した特約を契約書で定める等の工夫をして、いつまでも売主が不安定な状態に置かれないようにすることが賢明だと考えます。

（6）　特別法

前述の商法526条2項及び宅地建物取引業法40条、消費者契約法8条及び10条の規制は、改正民法下でも実質的な変更はありません。

3　瑕疵担保責任の免責特約の効力

購入した土地に土壌汚染が判明しました。ただ、売買契約では瑕疵担保一般について免責特約があります。こういう場合は、売主に対して瑕疵担保責任を追及することはできませんか。

隠れた瑕疵があることを売主が知って免責特約を結んでいれば免責特約は無効ですので、瑕疵担保責任を追及し得ます。知っていたに違いないと思われるけれども知っていたとまでは断定できない場合も、知らないことに重大な過失があるとして、免責特約を無効と主張できる場合があります。また、宅地建物取引業法上の規制と消費者契約法の規制により、免責特約が無効とされる場合があります。

解　　説

1　民法上の制限

民法では、隠れた瑕疵（改正民法では「契約不適合」）についての担保責任を負わない旨の特約をしたときでも、知りながら告げなかった事実についてはその責任を免れないと定めています（民572）。したがって、売主が瑕疵（改正民法では「契約不適合」）を知っていながら、瑕疵担保免責特約を買主との間で結べば、特約はこの条項により無効です。

問題は、知っているということは立証が難しい場合があり、その場合は、知っていたとまでは断定しないものの、知らなかったことについて重大な過失があるとして、悪意と同視できないかが問題になります。東京地裁平成15年5月16日判決（判時1849・59）の事案は、コンクリートガラとガス管等が地中にあることが判明した事件で、売主に重大な過失があるとして、民法572条を類推適用して免責特約を無効としました。この事案は、土地利用規制が近く厳しくなりそうであるという中で、デベロッパーとしての買主が購入を急いでいたという背景がありますが、買主が売主に売買契約前に地中障害物の有無を確認したところ、地中障害物の存在可能性について全く調査をしていなかったにもかかわらず、売主側が地中障害物は存在しないと思うという説明をした事案です。もともと、当該土地は売主の社宅の敷地として利用されてきたものを駐車場に変更して使用していたようで、売主が土地の下にコンクリートガラがあると知っていておかしくない事案でした。売主が知っていたと決めつけるには証拠が十分ではないが、知っていたに違いないと思われる事案では、この裁判例を参考に、知らなかったことに重大な過失があるとした上で、民法572条を類推して免責特約を無効であると主張できないかを検討すべきです。

２　宅地建物取引業法の規制

宅地建物取引業法では、宅建業者が非宅建業者に売買した宅地建物につき、売主が2年未満の瑕疵担保責任しか負わない特約を結んだ場合、その特約は無効です（宅建業40）。したがって、単純な免責特約も無効です。

3　消費者契約法の規制

消費者契約法では、消費者（事業を営まない個人）に事業者（法人と事業を営む個人）が売買した物に隠れた瑕疵があった場合に、売主の損害賠償債務を全面的に免責にする特約は無効とされています（消費契約8①五）。また、信義則に反し、消費者の利益を一方的に害する特約は一般的に無効です（消費契約10）。消費者契約法10条の解釈は一義的には決まりませんので、個別具体的な事例に応じて検討が必要ですが、あまりに一方的な免責特約は、全面的な免責ではなくとも、同条に該当するおそれがありますので、特約を締結するに当たって注意が必要です。

4　改正民法における相違点

以上に述べたことは、改正民法の下でも変わりません。

4　瑕疵担保期間の制限特約の効力

購入した土地に土壌汚染が判明しました。瑕疵担保期間は売買契約上引渡しから2年間と規定されていますが、既に引渡しから2年半経過しています。もはや売主に対して瑕疵担保責任を追及することはできませんか。

原則として、約定した瑕疵担保期間を過ぎていますので、売主の瑕疵担保責任を追及することはできませんが、売主が隠れた瑕疵を知っていた場合は追及できます。また、売主が隠れた瑕疵を知らないはずはないが、知らないとまでは立証できない場合も、売主に知らないことについて重大な過失があるとして責任を追及できる場合があります。さらに、当該土壌汚染がある可能性を十分に知っていながら告げていない場合や、買主に土壌汚染がないと誤解させる説明を行った場合は、信義則上の説明義務違反として、約定の瑕疵担保期間を過ぎても売主の買主に対する損害賠償責任が認められる場合があります。また、意図的ではないにせよ誤った説明をして、その結果、買主が契約前に不十分な調査しかできなかったとか、土地の状況について誤解したとかの事情があれば、売主に契約締結上の過失による損害賠償責任が発生する場合もあります。信義則上の説明義務違反や契約締結上の過失責任

は不法行為責任ですので、2年間の縛りを受けません。

解　　説

1　瑕疵担保期間の特約

売買契約上の瑕疵担保期間の特約として引渡しから2年を経過したときまでとする不動産売買契約は非常に多いのですが、それは次のような理由からです。すなわち、宅地建物取引業法40条で宅建業者が非宅建業者に宅地建物を売却する場合、2年未満の瑕疵担保期間特約を無効としています。なぜ、2年なのかといいますと、住宅なども2年間、すなわち二度季節が巡ると、不都合な部分が現れてくるだろうという考え方からです。したがって、そもそも隠れた瑕疵が時間の経過に伴って現れてくるものでもない類の瑕疵には不向きな規定といえます。ただ、長年、不動産業界で使われてきた売買契約書の書式で瑕疵担保期間を2年とするものが圧倒的に多かったという事情から、今でも瑕疵担保期間を2年とする契約はかなり多いように思われます。

2　土壌汚染の発見

土壌汚染の可能性があるにもかかわらず、売主が土壌汚染の調査をしていない場合は、買主は引渡しを受けてからできるだけ早期に汚染がないかどうかをチェックすべきであるといえます。しかし、売主から土壌汚染のおそれがないと言われたり、調査を行って判明した汚染土壌は除去したといった説明を受けたりして安心している買主には、引渡し以後速やかに調査をする動機が生じません。そういう説明を受けながら、引渡しを受けてすぐに多額の費用をかけて調査をすることは、一般的には不合理だからです。したがって、そのような場合、汚染が発覚するのは、その土地に建物を建てるに当たって搬出する残土に汚染が残っていたり、その土地に建物を建てるに当たって金融機関から念のために土壌汚染調査を求められて汚染が見つかったり、土地を分割して売却するに当たって調査のメッシュを切る起点がずれてしまったりした場合です。このような場合は、しばしば引渡しから時間が経過していますので、引渡しから2年間を経過している場合が多く、この期間経過を理由に瑕疵担保責任を追及できなくなるのかが問題になります。

3　信義則上の説明義務

土地建物の瑕疵を売主が説明しなければならない法的義務は、原則としてありません。説明しなくとも買主が隠れた瑕疵を見つければ、売主に瑕疵担保責任を追及できるのが原則です。しかし、瑕疵が見つかる前に瑕疵担保期間が経過してしまうこともあり、そのような事案の中には、そもそも瑕疵があるかもしれないことを売主が説明してくれていれば漫然と瑕疵担保期間をやり過ごすことはなかったと思われる事案もあります。また、売主の言動によって、瑕疵がないと買主が信じてしまったような場合は、その売主の言動がなければ、買主がその価格で物件を購入したとは思われない場合も少なくありません。これらの場合は、売主に信義則上求められる説明義務に反するとして、瑕疵担保期間には拘束されずに売主の不法行為としての法的責任が認められることがあります。売主の信義則上の説明義務は、特に、売主が宅建業者の場合に多くの裁判例を通じて認められてきた法理ですが、判例として確立されています。

４　契約締結上の過失

契約締結時に売主が契約の目的物について適切な説明をしなかった場合に、そのことをとらえて信義則上の説明義務違反があるとまでは認められないものの、誤った情報を提供した場合は、売主に契約締結過程における情報提供義務違反としての不法行為責任が認められる場合があります。大津地裁平成26年9月18日判決（平24（ワ）135）は、アスベストが存在した建築物の売買において、売主が誤ってアスベストが存在しないと説明して売却したもののアスベストが存在していた事案です。裁判所は、売主に契約締結過程における情報提供義務違反としての不法行為責任が成立すると判示しました。

５　信義則上の説明義務違反や契約締結上の過失による情報提供義務違反

信義則上の説明義務違反や契約締結上の過失による情報提供義務違反の場合の売主の責任は、説明を適切にしなかったことを不法行為としてとらえ、不法行為責任の時効又は除斥期間の適用に服しますので、特約上の瑕疵担保期間には縛られません（民724）。

６　改正民法における相違点

以上に述べたことは、改正民法の下でも変わりません。

5　瑕疵担保責任と表明保証責任との関係

購入した土地に土壌汚染が判明しました。売買契約には表明保証責任規定が入っており、売主は土壌汚染対策法の特定有害物質が指定基準以上含まれていないことを表明保証しています。商法526条の適用排除の条項はありますが、表明保証責任期間は引渡しから2年とされています。既に引渡しから2年半経過しています。もはや売主に対して表明保証責任も瑕疵担保責任も追及できませんか。

表明保証責任は追及できません。瑕疵担保責任を排除する規定がなければ、瑕疵担保責任を追及できる可能性はありますが、表明保証の対象となっている事項については表明保証責任で処理することが暗黙の了解でしょうから、瑕疵担保責任で別に議論することは難しいと考えます。しかし、売主の信義則上の説明義務違反又は契約上の過失責任を追及できる可能性はあります。

解　説

1　表明保証責任

表明保証責任は、アメリカ法にある契約責任であり、日本でも不動産取引その他で1990年頃から次第に活用されています。外資系の会社やファンドが、日本の会社や不動産を買収するに当たって、契約締結時及び実行日（決済日）において一定の事項に間違いないことを売主に言わせる規定、すなわち表明保証条項（representations & warranties）の売買契約への挿入をアメリカ式に求め、売主がそれに応じることが増え、いつしか、純粋に国内取引でも同様の規定の挿入を買主が求めるようになり、大型案件で少なからず見られるようになりました。

表明保証には多種多様の事項が対象に含まれますが、不動産の物の属性についても様々なことを買主は要求します。売買対象の土地に土壌汚染対策法の指定基準以上の土壌汚染がないことという事項は、その代表的なものです。

表明保証条項に違反した場合、買主にどういう救済があるかは、契約ごとに取り決めるわけですが、条項違反による損害を賠償することが通常規定されます。解除については、解除できる場合を限定するか、実行してしまえば解除はできないとするか、いずれにしても、表明保証条項違反は直ちには解除権を基礎付けません。通常、表明保証責任期間についても定めますが、時々期間を定めない契約書を目にします。その場合は、実行日から消滅時効期間が経過するまで請求できると考えることになります。

2　表明保証責任と瑕疵担保責任との関係

瑕疵担保責任は民法で定める法定責任であり、売買契約に特段定めがなくとも追及できる契約責任です。瑕疵担保責任を考える場合、何が瑕疵なのかが問題になります。表明保証条項で不動産の物の属性について規定している場合、そこに買主が不動産の物の属性についての要求水準が現れます。それを売主が受けたということは、その水準で瑕疵の有無を考えてよいということを意味します。したがって、表明保証条項で規定している事項については、その規定を離れて瑕疵を議論することは原則として不合理です。例えば、表明保証条項で、売買対象の土地に土壌汚染対策法の特定有害物質が同法の指定基準以上に含まれていないという条項であれば、特定有害物質が含まれていても同基準未満の場合は瑕疵には当たらないというべきです。また、同基準を超えていても健康被害をもたらさない状況で存在しているから瑕疵ではないという議論も成立しないと考えます。このように、表明保証条項で取り上げられた不動産の物の属性については、原則として、瑕疵担保責任を別に考えるべきではないといえます。

３　本設問の場合

本設問の場合、表明保証責任期間は経過していますので、瑕疵担保責任を追及できるかが買主の関心事となります。しかし、土壌汚染については、表明保証責任で意識されている物の属性ですから、既に述べたとおり、瑕疵担保責任を別に考えるべきではないと考えます。したがって、「瑕疵担保責任では、知ってから1年以内に請求すればいいはずで、時効も引渡しから5年のはずであり、まだ2年半しか経っていないから瑕疵担保責任で追及できる。」といった議論はできないと考えます。つまり、瑕疵が表明保証条項で意識されていれば、表明保証責任で処理するべきものと考えます。

なお、以上は、瑕疵担保責任と表明保証責任との関係です。表明保証責任では、引渡しから2年を経過している以上表明保証違反を問うことはできず、本設問では瑕疵担保責任を別に議論する余地もないと考えますが、信義則上の説明義務違反や契約締結上の過失については、契約法理に服しませんので、別途考えることができます。

４　改正民法における相違点

改正民法では、従来の瑕疵担保責任を契約不適合責任と呼びますが、両者は同質のものですので、契約不適合責任と表明保証責任との関係は、以上に述べた「瑕疵担保責任」を「契約不適合責任」に読み替えることになります。

なお、改正民法では、従来の瑕疵担保責任を契約不適合責任と呼び、一種の債務不履行責任として取り扱いますので、従来の瑕疵担保責任より売主が負う責任の内容や期間が大きいものになりかねません。したがって、民法所定の契約不適合責任を適用せずに、表明保証責任だけで処理するつもりならば、その旨明確に契約上規定しておくべきです。

6　表明保証の内容

外資系の会社に土地を売りたいのですが、その会社が売買契約に土壌汚染が一切ないことを表明保証する文言を挿入せよと要求してきて困っています。土壌汚染対策法の基準値を超えた汚染がないというのならばまだしも、土壌汚染対策法の特定有害物質が一切入っていないことを表明保証など誰にもできないはずですが、どうしたらよいでしょうか。

土壌汚染対策法の指定基準を超える汚染はないという表明保証で納得するはずですが、どうしても納得しない場合、「売主が知る限り」という制限文言を入れることが考えられます。それも拒否される場合は、売主として過去の履歴から特定有害物質が含まれるおそれはおよそないと判断できるならば、そのようなストレートな表現でも売主としてリスクは小さいかもしれません。ごく微量の特定有害物質がごく限られた場所にあったからといって、買主が被る損害はほとんどないからです。ただし、自然由来又は埋立て由来の基準不適合には要注意です。

解　説

1　売主の通常の対応

買主としては、土壌汚染対策法の特定有害物質を少しでも含んでいれば買わないという意思を鮮明にして、同物質を含まないということを表明保証させたいものと思われます。売主としては、過去の使用履歴からその心配はないとは思うものの、万一、少しでも特定有害物質があればトラブルになりかねないので、ストレートな表明保証には二の足を踏むということになります。これまでの裁判例でも、基準値以下の汚染の存在をもって瑕疵と考えるものは、少なくとも私の知る限りないと思いますし、この基準値以下の汚染を問題にすることは、マーケットの常識からも乖離しているので、基準値ベースで表明保証を議論しようと売主が持ち掛けるのは常識的な対応です。

２　頑な買主に対する対応

買主がどうしても特定有害物質が一切含まれていないことを表明保証せよと迫り、過去の使用履歴から考えて、当該土地に特定有害物質が含まれることはまず考えられない場合、売主が根負けして買主の要求に屈する場合も、交渉の際の力関係（売主は早く売りたいところ、当該買主以外にそのような高値をつけてくれそうな買主が現れることは想定し難いといった状況）から、あり得ます。その場合も、売主としては、全量調査しているわけではないので、「売主が知る限り」という限定文言を挿入したいと言いたくなるでしょう。しかし、そのような限定文言の挿入を買主が拒否し、この一点さえ譲歩すればディール（取引）が成立するといった場合、この限定文言を外す譲歩もあり得ます。外しても、全量調査の上、外しているわけではないことは買主も承知していますから、将来特定有害物質が判明しても、故意に買主を騙したことにはなりません。その場合は、それによって買主が損害を被れば、その賠償をすればいいだけのことなので、割り切るという選択肢も合理的な場合があります。

3　自然由来・埋立て由来の汚染

注意すべきは、過去の使用履歴から土壌汚染があるとは思われない土地でも、自然由来又は埋立て由来の土壌汚染が広がっている場合があるということです。したがって、人工的な汚染原因だけに目を向けずに、常に「自然由来又は埋立て由来の」土壌汚染が判明した場合はどうすべきかを考えておくべきです。自然由来又は埋立て由来で基準値を超える汚染が広がっている場合もあり、この場合は、買主も建設工事に伴う残土処理で実際に大きな損害を受けることがあります。そこで、自然由来又は埋立て由来で基準値を超える汚染が判明した場合は、どう処理するかを常に意識して表明保証文言を記載する必要があります。

4　改正民法における相違点

以上に述べたことは改正民法の下でも変わりません。

7　「知る限り」表明することの意味

当社は長年稼働させてきた工場の操業を終了させ、工場を撤去した上で土地を売却しようとしています。既に必要な土壌汚染調査も済ませ、その調査結果報告書も出来上がり、その上で都の指導も受けて対策を行いました。しかし、買主がそれらの報告書だけでは納得せず、土壌汚染がないことを表明保証せよと迫ってきました。この場合、「知る限り」これらの報告書に記載されていること以上に土壌汚染がないと表明保証をすることに何かリスクはありますか。

いかなる土壌汚染の調査を行って、いかなる対策を行ったかを正確に伝えること以上に表明保証を行うことは、できれば避けたいことです。特に、御社が長年工場を稼働させていたとすると、現在、現役の従業員が当該土地の使用履歴を把握している範囲は限定的です。しかも、土壌汚染対策法で規定された調査を行っても、全量調査を行っているわけではないので、調査漏れもあり得ます。表明保証違反が大きな違約金の支払に結びつくようであれば、特に表明保証は慎重にすべきです。

解　説

1　法人の「知る限り」、「知り得る限り」とは

表明保証条項でストレートな表明保証に躊躇するときに、「知る限

り」とか「知り得る限り」とかの限定文言を付けることがありますが、実は、その意味は必ずしも判然としません。法人の現在の役員又は取引に関与した従業員が仮に知らなくとも、法人の現に保有する文書で判明するのであれば、知っているという判断をされても仕方がないという前提で、「知る限り」という限定文言が使われているように思いますが、文書が相当に昔の場合にもそのように解していいのかは議論があると思います。なお、「知り得る限り」という限定文言は、法人の現在の役員又は取引に関与した従業員には知られていなくとも、法人が現に保有する文書で判明するのであれば、その文書が相当に古くても入るでしょうし、文書がなくとも、当該論点につき通常期待される調査で知ることができるならば、それは「知り得る限り」の範囲に入るものとして考えられていると思います。当然、「知る限り」よりは広く範囲を考えているわけですが、これも外延は判然としません。

なお、表明保証ではありませんが、地中障害物に関する、法人である売主の瑕疵担保責任につき民法572条及び商法526条3項の適用が問題となった事例で、法人の善意・悪意を判断するに当たっては、売買契約時点の法人の代表者・代理人に限らず、当該法律行為の意思決定に重要な影響を及ぼした者の主観的態様をも考慮するのが相当であるとし、売主が悪意であったと認めた裁判例があります（東京地判平29・10・27判時2400・83）。

２　土壌汚染調査の限界

そもそも過去の特定有害物質の使用履歴も判然としていないならば、土壌汚染調査もなかなか的確には進められないだろうと考えます。そういう場合、広大な工場敷地を全て10mメッシュで区画して調査するという方法もあり得ますが、それでも全量調査ではないわけですので、調査漏れという土壌汚染調査の限界があります。

そこで、「知る限り」とか「知り得る限り」という限定文言付きでも、土壌汚染が基準値を超えていないことの表明保証をする場合は、リスクがあることを自覚しておく必要があります。もちろん、表明保証をする以上は、一定程度の自信があるからでしょうが、万一、基準値超えの汚染が見つかったような場合にも、買主が現に被った損害に損害賠償の範囲を限定する工夫が必要です。その意味では、表明保証に関係付けて懲罰的な違約金の支払条項を買主が要求する場合は、かかる要求は拒むべきものと思います。

3　改正民法における相違点

以上に述べたことは改正民法の下でも変わりません。

8　売主の信義則上の説明義務違反

土地を分譲して既に長く経過しているのですが、買主から最近水道管の取換工事を行ったら、ドロドロした油臭い土と揮発性有機化合物の汚染土壌が出てきたと言われました。同様の被害を訴える買主が数十人おり、大変困惑しています。もともと工場跡地でしたので、分譲当時、特に気付いた油汚染の土壌は取り除いたつもりでしたが、不十分だったようです。土壌汚染対策法制定前の分譲でも責任を負うことはあるのでしょうか。

土壌汚染対策法制定前の土地売買であっても、売買当時、買主が知っていれば、少なくともその値段では買わなかったであろうと思われる土壌汚染については、瑕疵担保責任を負います。ただし、引渡しから長期間経過しているのならば、消滅時効が成立していると思われます。しかしながら、売主の信義則上の説明義務違反が問題になる場合があり、その場合は、一種の不法行為として、除斥期間が経過する20年間は責任を問われる場合があります。

解　説

1　瑕疵の判断時期

瑕疵担保責任の瑕疵は、売買契約締結時を基準に判断します。つまり、その時点で当事者が予定していた機能や性質が備わっていない場合に瑕疵と評価されます（最判平22・6・1判タ1326・106）。このことは、改正民法下の契約不適合責任の「契約不適合」についても同様です（平29法44改正民562）。

土壌汚染対策法の制定は2002年（平成14年）ですが、それ以降、日本の土地売買において買主はそれまでとは大きく変わって土壌汚染に神経質になりました。そのため、それ以前の土壌汚染については、瑕疵か否か慎重な判断が必要です。2002年（平成14年）以前も、見た目にもまた臭いからも嫌悪感を抱かせるような油汚染については、買主が嫌って当然でした。また、五感では感じられなくとも健康被害をもたらしかねない高濃度の土壌汚染については、仮に契約締結時に聞かされていたら購入を控えたということもあり得ます。したがって、土壌汚染対策法制定以前の取引であっても、油汚染や土壌汚染が瑕疵になることはあります。ただし、売買契約から相当に時間が経っていれば、多くの場合、瑕疵担保期間を過ぎていると思われます。なぜなら、引渡しから10年（民事時効が適用される場合）又は5年（商事時効が適用される場合）で時効にかかるからです。しかし、次に述べる信義則上の説明義務違反の問題がありますので、注意が必要です。

2　信義則上の説明義務

不動産取引では、かねてから売主が宅建業者である場合、信義則上の説明義務違反が裁判所で認定されることがありました。近年では、必ずしも宅建業者であるか否かにかかわらず、売主の信義則上の説明義務違反が認定される場合があります。このような裁判所の傾向には理由があります。すなわち、不動産の瑕疵として最近問題になる、土壌汚染、アスベスト、耐震問題等は、購入した不動産を使用していれば自然に気付かされるものではないからです。意識的にお金を掛けて調査をしなければならない問題です。したがって、更地であれば新築時、建付地であれば修繕時や解体時等になって初めて問題が判明する場合があります。しかも、売買契約にはしばしば短期間の期間制限特約があります。そこで、気付いたときには既に瑕疵担保期間を過ぎていることがあります。

ご質問の場合は、相当に売買契約が古いようですので、今の感覚で議論すると誤ることがありますが、かなり以前の売買契約であっても、重大な油汚染や土壌汚染であれば、知っていたらその価格では買ってはいなかったといえる場合があると思います。しかも、売主がそのような問題をわざと隠すような態度を売買契約締結前にとっていれば、信義則上の説明義務に反するとして、適切な説明を行わなかったことをもって、一種の不法行為責任を問われることがあります。その場合は、売買契約締結時点から20年間の除斥期間が経過するまでは責任を問われかねない（民724）ことに注意が必要です。

3　改正民法における相違点

以上に述べたことは改正民法の下でも変わりません。ただし、改正後は、民事消滅時効と商事消滅時効の区別はなくなり、主観的起算点（債権者が権利を行使することができることを知った時）から5年、客観的起算点（債権者が権利を行使することができる時）から10年とされ（平29法44改正民166①）、商事消滅時効を規定していた商法522条は削除されました。

9　売主が買主に渡す土壌汚染調査報告書作成の留意点

当社が数年前に土地を売却した際に、当社で土壌汚染調査報告書を作成して買主に渡しました。ところが最近になって買主から、受領した土壌汚染調査報告書には記載されていない所から大量の汚染土壌が出てきたと言われました。また、受領した土壌汚染調査報告書に大きな不備があると言われ、困惑しています。既に、約定の瑕疵担保期間も過ぎている中で、なお当社が責任を負わなければならないでしょうか。

原則として責任を負うことはありませんが、売主が土壌汚染調査報告書を調査会社に作成依頼するに当たって適切な情報を提供しなかった結果、不十分な調査報告書が出来上がって、それが不十分であることを知らずに買主が土地を購入し、損害を被った場合は、信義則上の説明義務違反が問われるおそれがあります。

解　説

1　調査の種類

土壌汚染調査は3段階に分類できます。第1段階は地歴調査で、サンプル調査はしません。第2段階は概況調査と呼ばれ、土壌汚染の有無を判定する調査です。サンプル調査を行います。第3段階は詳細調査と呼ばれ、汚染の広がりを把握する調査です。地歴調査で、汚染が存在する可能性が比較的多い場合と、少ない場合と、ない場合に分けます。概況調査では、汚染の存在する可能性が比較的多い場合と少ない場合とでは調査の精度が異なります。詳細調査は、概況調査で汚染が判明した場合に、どこまでの工事が必要であるかを見極めるために汚染の範囲を確定する調査です。

2　調査に当たっての情報開示の正確さ

売主が買主に提供した調査報告書では判明しなかった汚染土壌が売買後に判明する主たる要因は、第1に地歴調査の不備です。第2に調査ポイントを絞るメッシュの切り方の起点のズレです。後者は売主の責任ではありませんが、前者の不備は売主の責任を問う根拠になり得ます。地歴調査がいいかげんであれば、その後の概況調査や詳細調査がいかに完璧でも土壌汚染調査としては信用するに足りません。地歴調査の結果で、概況調査のやり方が異なるからです。かつて、工場廃水を垂れ流していた場所を、汚染の存在する可能性がない土地とか少ない土地として分類してしまえば、垂れ流しの汚染を的確にすくいとれないことは容易に理解できると思います。

したがって、売主が容易に収集できる過去の土地の利用履歴に関する情報を収集することもせず、限られた、したがって不備な情報しか指定調査機関に提出していないといった場合は、成果物が不十分なものになるわけですから、これを信じた買主に損害が発生する場合、説明不足を捉えられて信義則上の説明義務違反が問われる場合もあると考えます。特に地歴調査の内容に自信がない場合は、買主に対して、地歴調査のどの辺りが特に不十分であると考えているかを説明するなどして、買主の誤解を避ける必要があります。時間的余裕があるならば、売買契約締結前に、買主に追加的調査を許すことが賢明な場合もあるように思います。

3　改正民法における相違点

以上に述べたことは改正民法の下でも変わりません。

10　土壌汚染対策の選択における留意点

当社が売却した土地に、売買契約締結以前から揮発性有機化合物の土壌汚染が判明していました。買主は当初掘削除去を求めてきたのですが、開発までまだ相当時間がかかるということでした。そこで、土壌汚染対策会社から勧められたバイオレメディエーションの原位置浄化の手法で浄化して引き渡す売買契約を締結しました。ところが、対策を講じて2年経ったのに思うように汚染の数値が下がりません。引渡しまであと1年しかありません。土壌汚染対策会社も逃げ腰で、あと1年で浄化できるとは断言できないと言ってきました。どうしたらいいのでしょうか。

このままでは、買主に対して債務不履行となる可能性があります。実務的には、引渡期限を延ばす交渉をするのが普通です。開発までまだ時間があるのならば、買主も応じるかもしれません。もっとも、買主は、引渡期限の延期に応じる義務はありませんので、一定の売買代金の減額とセットで期限の延期に応じるかもしれません。その場合は、売主が想定外の損失を負うのですから、土壌汚染対策会社にその損失をカバーしてもらうことも念頭に置いての対応が必要です。なお、期限の延期に応じてもらう場合は、延期を繰り返さなくてよいように、原位置浄化の手法の再検討を行う必要がないかも検討すべきです。

解　説

1　土壌汚染の除去

土壌汚染対策法では、土壌汚染対策の手法がいくつも挙げられていますが、そのうち、「土壌汚染の除去」に分類できる対策が、掘削除去と原位置浄化です。掘削除去は、汚染土壌を掘削して除去する手法です。原位置浄化は、汚染土壌の特定有害物質を抽出又は分解する方法で対策を行うもので、汚染土壌を掘削しない手法です。化学的手法と生物学的手法とがあります。土壌汚染対策の一つに、バイオレメディエーションという手法があるといわれますが、これは、この生物学的手法を指します。掘削除去も原位置浄化も、いずれの手法でも、その土地から特定有害物質を取り除くので、土壌汚染対策としては徹底した手法となります。その他の手法、つまり汚染物質を土地の中に閉じ込めて行う各種の手法のように、その後の継続的管理を必要としませんし、土地利用の制約もなくなることから、土壌汚染対策としては、この掘削除去か原位置浄化の対策のいずれかが選択されることが多いように思います。

2　掘削除去と原位置浄化の比較

土壌汚染の除去の二つの手法のうちでは、掘削除去が多く選択されます。原位置浄化の手法よりはるかに多く採用されているように思われます。理由は、掘削除去がすぐに対策を完了できるからです。土壌汚染を除去する必要に迫られるのは、多くの場合、土地の売買を契機とします。土地の売買は、多くの場合、買主は購入後すぐに土地を使用したいため、対策の時間を確実には読みにくい原位置浄化の手法より、掘削除去が適しており、掘削除去の方が選ばれやすいのです。しかし、掘削除去の費用は一般的に高くなりますので、もし、時間をかけていいのならば、原位置浄化も考慮の対象となります。

3　原位置浄化の手法

原位置浄化の手法にも様々なものがあるようです。これまでに採用していた手法の効果がはかばかしくないのならば、別の手法を採用すべきかもしれません。また、これまでの土壌汚染対策会社の能力も疑ってかかる必要があります。引渡日が遅れることが買主にとっては受け入れ難い場合もあります。そのような場合は、引渡しの遅延が契約解除及び巨額の違約金支払の問題に発展するかもしれません。したがって、事案によっては、原位置浄化ではなく掘削除去の手法に方向転換すべきかもしれません。このような事態に陥ることのないように、原位置浄化の手法を選択する場合は、対策完了の期限を対策会社に確約してもらい、かつ、どれだけ買主に対する引渡期限が重要なのかを説明して、仮に対策の完了が遅れた場合の処理を契約で明記しておくことが賢明です。

4　改正民法における相違点

以上に述べたことは改正民法の下でも変わりません。

11　埋立て由来の土壌汚染の法的責任

先日、土地を売却しました。海岸沿いの土地ですが、長い間倉庫用地として使っており、過去の土地の履歴も倉庫以外に使っていません。しかし、買主が、その土地で高層マンションを建設するに当たり、残土処分のための土壌検査をしたところ、おそらく埋立て由来のヒ素が基準値を超えて検出され、買主は、そのため多大のコストがかかると言って、損害賠償を求めてきました。埋立て由来の土壌汚染にも売主責任があるのでしょうか。

埋立て由来であっても、基準不適合土があり、その残土処分に基準適合土以上にコストがかかる場合は、土地の隠れた瑕疵として売主に瑕疵担保責任があると考えます。

解　説

1　埋立て由来の土壌汚染の取扱い

土壌汚染対策法の2017年（平成29年）改正については、第１編第１章第２の「２　2017年（平成29年）改正」において説明したとおりですが、同改正では、埋立て由来の土壌汚染も自然由来の土壌汚染と同様に「自然由来等」の土壌汚染として、一つの自然由来等形質変更時要届出区域から他の自然由来等形質変更時要届出区域への汚染土壌の移動が届出だけでできることになりました。つまり、区域外に搬出すると土壌汚染処理施設に必ず運ばなければならないということではなくなりました（法18①二）。しかし、自然由来等形質変更時要届出区域の指定がタイムリーに行われるのか、また、他の適切な自然由来等形質変更時要届出区域が見つかるのかという問題もあり、それらの問題をクリアしないと2017年（平成29年）改正が埋立て由来の土壌汚染を解決する手段としては必ずしも機能しないおそれがあることは、自然由来の土壌汚染と同様です。この点は、Q56の解説を参考にしてください。

2　埋立て由来の土壌汚染と人為的土壌汚染

埋立て由来の土壌汚染は、土地造成に係る水面埋立てによるものとして、一般的に嫌悪感が少ないと思われます。また、広範にしかも地中深いところまで存在する場合が多いので、その土壌汚染を除去しなければ瑕疵が回復されないということはないと思われます。これらの点で、人為的汚染と明らかに異なります。しかし、埋立て由来の土壌汚染であろうと、建設残土として処分する場合は、基準適合土とは異なって、受入れ処分場が限定されます。したがって、どうしても残土処分にコストがかかります。したがって、基準適合土同様には処分できないという意味で、瑕疵と考えるべきと考えます。もっとも、隣地や近隣の土地で過去に埋立て由来の基準不適合土が判明しており、そのことが一般に知られているような場合は、隠れた瑕疵とはいえないという判断が適切な場合もありますが、埋立て由来の場合は、自然由来の場合とはやや異なって、何をそこに埋めたのかという点で土地ごとに差があり得ますので、注意が必要です。いずれにしても、人為的汚染は、汚染土壌を掘削除去するに当たって必要となるコストが損害と考えられる場合が多いのとは異なって、埋立て由来の土壌汚染は、あくまでも、予定された建物建設に通常以上にコストがかかる土壌の問題があったという点を捉えた損害の評価が原則となると考えます。

3　改正民法における相違点

改正民法では、瑕疵担保責任ではなく契約不適合責任という考え方に変わります（平29法44改正民562）。自然由来の土壌汚染や埋立て由来の土壌汚染の場合は、そもそもその地域で土地を求めるとしたら、基準不適合の土壌の土地を求めるしかないので、土壌汚染のない土地を求めることは履行不能なことを求めることです。したがって、追完不能なので、追完請求せずに直ちに減額請求が可能であると思われます（平29法44改正民563②）。改正前の民法でも、同様の判断になると思われますが、このような事案を「契約不適合責任」と呼ぶのはいかにも奇妙です。なぜなら、上に述べたように、そもそもその地域で土地を求めるとしたら基準不適合の土壌の土地を求めるしかないからです。ただ、基準不適合の土壌の存在を知らずに取引しているため、売買価格は基準不適合の土壌の存在をカウントせずに決められており、代金減額の処理をしなければ、本来の価値以上の代価が移転してしまうため、是正が必要です。今回の民法改正は、代替物ではない不動産にはなじまない部分が多いのですが、本設問のような事案を契約不適合として一般の債務不履行責任で処理しようとすると、改正民法の問題が際立って目に付くように思います。

12　油汚染の法的責任

油汚染は、土壌汚染対策法の土壌汚染と同じように考えてよいでしょうか。

油による土壌汚染も悪臭や油膜が見られると、嫌がられます。特に、地中からドロドロした油による汚染土が出てくると、産業廃棄物としてしか処理できないため、処分コストがかかります。したがって、油による土壌汚染も土壌汚染対策法で定める特定有害物質による汚染と同様に土地の瑕疵を構成する場合が十分にありますが、どの範囲の油汚染を問題として損害賠償できるかという点では、土壌汚染対策法で定める特定有害物質による汚染とは別に考えることが必要な場合もあると考えます。

解　説

1　土壌汚染対策法と油汚染

土壌汚染対策法の規制対象である特定有害物質に、油は入りません。ただ、ガソリンに含まれるベンゼンは特定有害物質です（令1）。したがって、ガソリンスタンドの地中のタンクからガソリンが漏れて広がる場合は典型的な土壌汚染ですが、ベンゼンを含まない一般の油は土壌汚染対策法の規制対象外です。その理由は、油が健康被害をもたらすという知見がないからです。ただし、油臭や油膜は、生活環境を害するものと判断されています。実際、地中のドロドロした油が悪臭を放つような場合は、これを見ると放置できないと思う人が多いことでしょう。しかも、これを処分しようとすると、廃油混じり土の処分となり、産業廃棄物として処理することになります（廃棄物2）。したがって、油汚染土は、特定有害物質による汚染土壌と同様に土地の瑕疵としてしばしば紛争になります。

2　油汚染対策ガイドライン

油汚染については、環境省が2006年（平成18年）に「油汚染対策ガイドライン」を策定しています。この特徴は、「油汚染問題への対応は、油汚染問題のあった土地において、その土地の現在及び予定されている利用状況に応じ、油含有土壌に起因して生ずる油臭や油膜による生活環境保全上の支障を除去することを目的としている。」とし、「油臭や油膜は人が感覚的に把握できる不快感や違和感であるから、油汚染問題への対応の基本はそれらが感じられなくなるようにすることである。」としているところです。したがって、対症療法的な対策が記載されており、土壌汚染対策法における特定有害物質の探索のように油の探索を目的とした調査を含んではいません。また、「油は、その生成由来により、鉱油類と動植物油類に分けられるが、油臭や油膜の報告例は鉱物油によるものがほとんどであること、動植物油類が土壌に含まれたときの油臭や油膜についての知見に乏しいことなどから」動植物油は対象外とされています。

3　油汚染による損害賠償の範囲

地中の油汚染の多くは、土地の開発を契機に地中から油汚染土が見つかるといった場合だろうと思います。その場合、掘削して敷地外に搬出する土が油で汚染されていれば、廃油は産業廃棄物ですし、油と土とを事実上分離もできないため、全体を産業廃棄物として処理しなければなりません。したがって、処分に大きなコストがかかりますので、購入した土地にこのような油汚染土があれば、瑕疵担保責任（改正民法の下では、契約不適合責任）による損害賠償が問題となります。

そのほか、地中の油汚染が発覚する場合としては、雨が降った後に地下水位が上昇し、それとともに地中の油が上昇して、地面の割れ目等から地表に油臭や油膜が広がるといったこともあると思われます。こういう場合は、既に建物が建っていれば、油汚染土を除去することが難しいため、このような土地を購入した者の損害をどう考えるべきかという問題があります。こういう場合は、単に生活環境が劣化したことによる損害というよりも、購入した土地の財産的価値の下落という損害が発生していますので、不動産鑑定士の意見を参考に、その損害を判断すべきことになります。

マンションデベロッパーがマンション用地を仕入れて、土壌汚染調査を行った場合に、特定有害物質だけでなく、油による汚染も判明した場合は、油による汚染の広がりを把握して、その掘削除去の費用につき、売主に対し、損害賠償請求を行いたいと思うことでしょう。なぜなら、判明した油汚染を除去せずにマンション分譲を行うことが難しいからです。油汚染が判明している以上、これを重要な事実として買主に説明せざるを得ず、それが分譲価格を下げるからです。したがって、必ずしも建設残土と呼べない範囲の土も、地表近くの油汚染土であれば掘削除去せざるを得ない場合が多く、そのコストは損害賠償の対象になると考えます。しかし、深いところの油汚染は、生活環境の悪化にもつながらない場合がありますので、特定有害物質と異なった扱いが合理的な場合もあると考えます。

４　改正民法における相違点

改正民法における契約不適合責任では、追完請求が無意味でなければ追完請求せよと読める規定ぶりになっています（平29法44改正民562・563・564・415①②)。したがって、まずは、追完請求において何を求めるのかが問題になります。しかし、油による土壌汚染もどの範囲に汚染土壌を絞るのかという点では、特定有害物質による土壌汚染と本質的には同じ問題を抱えています。したがって、原則として、掘削除去をせよという追完請求はできず、代金減額請求と損害賠償請求によるしかないと考えます。Ｑ２の３(2)とＱ19の４も参照してください。

13　ダイオキシン類による土壌汚染の法的責任

ダイオキシン類による土壌汚染は、土壌汚染対策法の土壌汚染と同じように考えてよいでしょうか。

ダイオキシン類による土壌汚染は、ダイオキシン類対策特別措置法により規制されています。これは、土壌汚染対策法よりも前に制定されたもので、ダイオキシン類については、都道府県知事が責任を持って調査し対策を行い（ダイオキシン26・27）、要した費用を原因者に請求できるという枠組みで制度化されており、土壌汚染対策法が特定有害物質の土壌汚染についての調査や対策を土地の所有者等の責任と位置付けていることと大きく異なります。鷺坂長美『環境法の冒険』217－219頁（清水弘文堂書房、2017年）を参照して、以下に解説します。

解　　説

1　ダイオキシン類

ダイオキシン類とは、ポリ塩化ジベンゾパラジオキシン（PCDD）、ポリ塩化ジベンゾフラン（PCDF）、コプラナーPCBを意味します（ダイオキシン2）。ダイオキシン類は、同じPCDDでもいくつも異性体があり、それぞれ毒性の強さが異なります。カネミ油症は、PCB（これは、ダイオキシン類対策特別措置法の特定有害物質の一つです。）とPCBから加熱酸化されるなどして異性体となったダイオキシン類との複合汚染といわれています。ダイオキシン類は意図的に作られるものではなく、炭素、酸素、水素、塩素を含む物質が熱せられる過程で自然に出てしまうもので、主な発生源はごみ焼却施設による燃焼です。ダイオキシン類が大気中に出た後は、地上に落ちて土壌や水を汚染し、プランクトンや魚介類に取り込まれ、食物連鎖を通じて他の生物にも蓄積されていきます。ダイオキシン類のうち一定のものには発がん性があります。

2　ダイオキシン類対策特別措置法

1999年（平成11年）、所沢市の廃棄物の焼却施設から多量のダイオキシン類が放出されているのではないかとマスコミで大きく取り上げられ、社会問題となり、同年、ダイオキシン類対策特別措置法が成立しました。ダイオキシン類による環境汚染の防止を目的とし、基準を定め、環境への排出を規制し、汚染された土壌については対策を行うというものです（ダイオキシン6・7）。基準として、許容1日摂取量を体重1kg当たり4pg-TEQと定め、それに基づいて大気、水質及び土壌ごとの基準を設定するという手法を採用しています。

3　ダイオキシン類による土壌汚染

ダイオキシン類対策特別措置法により、国の主導により、排出源の大部分を占めるごみの焼却施設についてダイオキシン類を発生しにくい施設、高温で連続焼却できる施設への建替えが促進され、2012年（平成24年）では1997年（平成19年）比98％以上という削減率を達成しました。しかし、過去にごみ焼却施設等から排出されたダイオキシン類は、なお地中に残存しています。このダイオキシン類による土壌汚染について、ダイオキシン類対策特別措置法が用意している手法は、土壌汚染対策法が用意している手法とは全く異なっています。

ダイオキシン類対策特別措置法では、ダイオキシン類による土壌汚染の調査及び対策は都道府県知事の責任であるとされており（調査についてはダイオキシン26・27、対策についてはダイオキシン29、なお、ダイオキシン3②)、対策に要したコストは、「事業者によるダイオキシン類の排出とダイオキシン類による土壌の汚染との因果関係が科学的知見に基づいて明確な場合に」、原因者に請求できることを内容とする公害防止事業費事業者負担法を適用すべきものとされています（ダイオキシン31⑦)。ここで分かるように、ダイオキシン類による土壌汚染のある土地については、土壌汚染対策法のように土地の所有者等や原因者が都道府県知事の指示や命令を受けて対策を実施するのではなく、あくまでも対策を実施するのは地方公共団体の責務とされ、その対策費を原因者に請求することにしています。

4　公害防止事業費事業者負担法

公害防止事業費事業者負担法では、対象となる「公害防止事業」が定義され、その中に、ダイオキシン類により土壌が汚染されている土地についてダイオキシン類土壌汚染対策計画により実施される事業が含まれています（公害費2②三、公害費令1③三)。同計画による事業を実施するときは、施行者である地方公共団体が同事業に係る費用負担計画を定め、同計画に基づいて費用を負担させる事業者と事業者負担金を定めて、同事業者に通知を出すものとされています（公害費9①)。費用負担は、必ずしも対策費全てではなく、公害防止事業の「公害防止の機能以外の機能、当該公害防止事業に係る公害の程度、当該公害防止事業に係る公害の原因となる物質が蓄積された期間等の事情により」軽減されます（公害費4②)。

5　改正民法における相違点

以上に述べたことは改正民法の下でも変わりません。

14　残土処分時に発覚した土壌汚染の法的責任

数年前に購入した土地に、これから建物を建設する段階になって、請負会社のゼネコンが搬出土の検査をしたところ、土壌汚染が見つかったと言ってきました。売主から受領した土壌汚染の調査報告書と対策報告書を見ると、調査は完璧だと思われます。完璧なはずの調査をしているのに、なぜ汚染が発覚するのか解せません。既に瑕疵担保期間は過ぎており、困っています。売主に損害賠償を請求できますか。

土壌汚染対策法で定める土壌汚染調査は、当該土地の土壌の全量調査ではありませんので、調査漏れがあります。したがって、土壌汚染対策法で定める調査方法とは異なる調査をすれば、異なるポイントでサンプルを採取することになりますので、土壌汚染対策法で定める土壌汚染調査で判明した土壌汚染とは別の汚染が判明することがあります。搬出土を残土処分場に運び入れるに当たって、採取すべき地点は土壌汚染対策法で採取すべきとされる地点とは全く異なりますので、新しい汚染が見つかることがあります。瑕疵担保期間が過ぎていることから、瑕疵担保責任を追及するには困難が伴いますが、土壌汚染対策法の調査として適切なものだったのか、売主に信義則上の説明義務は尽くされているのか等により、売主の責任追及の道は残されています。

解　説

1　調査方法の違い

土壌汚染対策法で定める土壌汚染調査は、土壌汚染のありそうな地点で調査をするものです。したがって、もともと調査するまでもなく汚染のおそれがない区域は、調査もしません。また、汚染のおそれが少ない区域では、汚染の可能性が比較的多いと思われる区域に比べて、キメが粗い調査を行います。したがって、このような見立てが適切ではない場合、発見できなかった土壌汚染が残ることになります。また、このような見立ても適切で、法令やガイドラインに従って完璧に調査していても、全量調査ではないので、調査漏れがあり得ます。

一方、残土処分に当たって求められる調査は、運ばれる残土を受け入れてよいかという観点から、運ばれる土が基準に適合していることを確認するものですから、掘削する範囲について、平面的にも深度的にも満遍なく試料を採取することが必要です。このように、調査の目的が異なりますので、残土処分のため行った調査で基準不適合の土が見つかることは少なくありません。

千葉県の残土条例（正式名称は、「千葉県土砂等の埋立て等による土壌の汚染及び災害の発生の防止に関する条例」です。）については、第１編第１章第３の「３　千葉県の残土条例」において説明しましたが、同条例7条の安全基準に適合しているかどうかは、項目ごとに「土砂等の汚染の状況を的確に把握することができると認められた場所において試料を採取し」判断するものとするとあります（千葉県の残土条例施行規則2②）。また、千葉県では平成22年8月10日の「土砂等発生元証明書の取扱について」と題する特定事業許可事業者宛ての通知の中の「発生元証明書に添付する平面図、断面図について」において、「敷地に対する搬出土砂範囲及び地質試料採取位置を平面図、断面図に表記する。5点混合による地質検体の採取位置は、できるだけ搬出土砂全体に配置する。」と指示しています。

なお、千葉県の残土条例施行規則8条1項では、「条例第15条（土砂等の搬入の届出）の規定による届出は、土砂等の量が5,000m^3までごとに、土砂等搬入届を提出して行わなければならない」とあり、搬出する土砂等の量が5,000m^3ごとに調査が必要となります。したがって、搬出する土砂等が、広い面積に浅くある場合や、狭い面積に深くある場合や、広い面積に深くある場合で、搬出する土砂等のどこを調査するかが様々に変わります。

2　瑕疵担保期間の経過

売主が信用ある会社であり、土壌汚染調査報告書を作成した調査会社も信用ある会社であり、対策工事を行った会社も信用ある会社であれば、調査も対策も完璧で、比喩的にいえば、もはや真っ白の土地を購入したと思うのも無理がないところです。また、開発のタイミングは、買主の経済的事情、開発の計画期間、開発に必要な各種行政手続に要する期間で変わりますので、開発工事に着手するまで、土地を購入した時点から相当期間が経過することも少なくありません。そうなると、残土処分のためのサンプル調査で新たな汚染が見つかるまでに、瑕疵担保期間が経過していたということがあってもおかしくありません。

このようなことを考えると、開発に着手できる時点を決めて、そこまでは瑕疵担保期間を確保することは、買主として過剰な要求ではありません。特に、何らかの土壌汚染があって対策をしたという土地の場合は、調査漏れリスクが少なからずありますから、瑕疵担保期間を不用意に短くしないことが重要です。しかし、売主も瑕疵担保期間を長く設定することを嫌いますので、実際の取引の交渉で、瑕疵担保期間を長く確保しようとすると、売主が土地を売ってくれないこともあります。その場合の選択肢は、①売主の要求する期間を受け入れるか、②購入しないかのいずれかです。もっとも、①の場合も、買主負担で購入後に心配なエリアを追加調査して、瑕疵担保期間内に瑕疵を顕在化させるということも考えられます。相当に古くから工場敷地として使われていながら、汚染のおそれがないとして調査が全くなされていない面積が広大であるような場合には、このような対応も決して過剰な対応ではないと考えます。

3　信義則上の説明義務違反

土壌汚染、アスベスト、耐震性に問題のある建物等の問題は、例えば、2年間、すなわち二度季節が巡れば問題部分は自然と浮き上がるといった問題ではありません。意図的に費用と時間をかけて調査をしないと分かりません。したがって、問題が判明するのが契約締結後相当期間経ってからということは不思議ではないのです。そのように相当期間調査をしないのは売主の言動に起因する場合もあります。特に、売主が知っている事情を調査会社に話していないために、調査報告書自体が不十分な場合もあり、そのような調査報告書を買主に見せただけで、買主に説明すれば買主が心配したに違いない事情を隠して土地を売っているような場合は、売主の信義則上の説明義務違反として、不法行為責任を構成する場合があります。そうなると、不法行為責任の除斥期間は20年ですので（民724）、相当に長い期間、売主に対する責任追及が可能となります。したがって、そのような責任追及の可能性がないかを検討すべきです。

4　改正民法における相違点

以上に述べたことは、改正民法の下でも変わりがないといえますが、調査漏れの汚染が判明した場合に、対策工事を求めるのではなく、それに代えて損害賠償を直ちに請求できるのかが問題になります。Q19でも説明しますが、対策工事を求めるのではなく、それに代えて直ちに損害賠償を請求できると考えます。

第2　仲介業者の法的義務又は責任

15　仲介業者の調査説明義務の範囲

土壌汚染について、仲介を行う宅建業者が調査する義務はあるのでしょうか。また、説明責任はどこまであるのでしょうか。

重要事項説明書で説明すべきとされている点、すなわち、土壌汚染対策法で要措置区域又は形質変更時要届出区域の指定がされているかどうかは、調査し、説明すべき義務があります。それ以外は、どこまで調査することが求められているかは微妙です。しかし、買主と媒介契約を締結している仲介業者の場合は、買主の売買目的にふさわしくない情報として、土地の土壌汚染につながる情報を入手した場合は、その真偽を調査すべきと考えます。

解　説

1　重要事項説明義務と重要事実告知義務

土壌汚染については、宅地建物取引業法35条1項2号に基づき、土壌汚染対策法9条並びに12条1項及び3項が重要事項説明義務の対象として規定されています（宅建業令3①三十二）。したがって、要措置区域又は形質変更時要届出区域に指定されているかどうかは調査の必要があり、指定されていれば、これらの区域における規制の内容を説明しなければなりません。

それならば、これらの区域に指定されていないながら、売買土地に土壌汚染があることを仲介業者が知っている場合はどうなのかが問題となります。この点は、重要事項説明書の記載事項ではありませんが、今や、土壌汚染があることを知っていれば、これを告げないで仲介することは、宅地建物取引業法47条の重要事実告知義務違反と考えます。したがって、告げざるを得ないと考えます。売主が「買主には黙っておいてくれよ。」と言ってきた場合は、売主を翻意させられない限り、仲介から降りるべきものと考えます。そうでなければ、後日、買主から宅地建物取引業法違反による不法行為として（買主との媒介契約がない場合）、又は債務不履行として（買主との媒介契約がある場合）、損害賠償を請求されるおそれがあります。

2　調査義務の有無

買主と媒介契約を結んでいない仲介業者は、土壌汚染の存在を知っていて告げない場合又はこれに準じる場合が問題になりますが、買主と媒介契約を結んでいる仲介業者は、単に、知っていることを告げないことだけが問題ではなく、土壌汚染が存在する可能性があるという情報をつかみながら、それを買主に告げないことが買主との媒介契約上の債務不履行となる可能性があります。なぜならば、それは、買主にとって重要な事実になり得ることであり、仲介業者から買主に伝えることが当然に期待される事実だからです。さらに、さほど労力をかけなくとも、土壌汚染の可能性についての噂の真偽を確認できるのに、それを怠った場合も、同様だと考えます。

3　信義則上の説明義務との関係

宅建業者が売主になる場合、裁判所は、かなり広範囲に宅建業者に信義則上の説明義務違反の責任を認めてきました。宅建業者が媒介するにすぎない場合は、物件についての情報が限られていますので、売主同様の説明義務までは求められないと考えますが、買主からの問合せがある事実について、根拠のない又は誤解を与える説明をする場合は、媒介業者としての宅建業者にも信義則上の説明義務違反が成立します。これは、売主側宅建業者であっても、聞かれたことに誠実に答えるべきだからです。誠実に答えるには一定の調査が必要であれば、調査の難易により、合理的に期待される調査の程度は変わりますが、何らかの調査の上での回答が必要になると考えます。

4　改正民法における相違点

以上に述べたことは改正民法の下でも変わりません。

16　仲介業者の説明義務違反と法的責任

買主に土地を仲介した宅建業者ですが、買主が購入後土地に土壌汚染が判明したとして、当社に責任を取れと迫ってきました。売主は、不動産証券化のためのビークルで、既に解散して消滅しているので当社の責任追及をしているものと思うのですが、売主が解散している中で、仲介業者にすぎない当社を責め立てるのは理屈に合わないと思います。無視しても問題は発生しないでしょうか。

売買契約締結時に土壌汚染を知っていた場合は、重要事実告知義務違反として損害賠償責任を負うと考えます。

解　説

1　告知義務と調査義務

重要事実告知義務については、Q15で説明しましたので、繰り返しませんが、土壌汚染が存在していると知っていた場合は、御社は説明しておくべきでした。

仲介業者と買主との間で媒介契約がある場合、土壌汚染が存在する可能性が多いという情報をつかんでいればその旨買主に伝えるべきでしたし、比較的簡単に真偽を確認できるのであったならば、確認しておくべきでした。大きなコストをかけてまでの調査を行う義務は、仲介業者にはないと考えます。ここまでは、Q15で説明したとおりです。

2　売主の責任との関係

買主は、売主との関係で、瑕疵担保責任を本来請求できます。しかし、売主が不動産証券化のためのビークル（vehicle：手段）であれば、売買後すぐに解散することを念頭に置いて、瑕疵担保免責規定を入れているか又はかなり短い瑕疵担保期間を設定しているはずです。売主が解散するまでは、瑕疵担保免責規定や瑕疵担保期間特約により生じる問題も、売主の説明等の事情によってはいろいろな理由で請求できる可能性はあります。しかし、解散してしまっていれば、事実上、万事休すです。そうなると、仲介業者等、責任を追及できそうな相手方を捜すしかありません。このような不都合な役回りを演じなくてよいように、売主が不動産証券化のためのビークルにすぎなければ、告知義務や調査義務を尽くしているか常に注意が必要です。特に買主から聞かれたことには誠実に回答する必要があり、回答するためには一定の調査も必要であれば、その調査をすべきか検討も必要です。売主が不動産証券化のためのビークルにすぎない場合の仲介業者は、買主から責任追及の標的にされる可能性が高いと覚悟しておかなければなりません。

3　改正民法における相違点

以上に述べたことは改正民法の下でも変わりません。

第３　土壌汚染土地売買における買主の留意点

17　売主の土壌汚染対策後の土地を取得する場合の買主の留意点

当社が購入を予定している土地は、かつて売主の工場があった土地です。ただ、売主は東証第一部の大手企業で、土壌汚染調査の上対策は済んだと説明しています。東京都の担当部署と常に相談して対応してきたというので、土壌汚染はないと判断して土地を購入しようと思いますが、留意すべき点はありますか。

工場が1970年（昭和45年）頃以前から操業していたような場合は、地歴調査がどれほど確からしいかは疑うべきです。地歴調査の結果、調査していない範囲があったり、土壌汚染のおそれが少ないとして、粗く調査している範囲が広かったりしている場合は、地歴調査が不十分な場合もあると思われますので、瑕疵担保規定は残して、問題が判明した場合の損害回復手段を残しておくべきです。

解　説

1　土壌汚染調査の限界

土壌汚染の調査の限界は、既にＱ９の解説でも説明しましたのでここでは繰り返しません。特に地歴調査の正確さは、工場稼働時期が古ければ古いほど怪しいと思うべきですので、工場稼働時期が古い事案では、調査が完璧であるということは疑うべきです。

２　土壌汚染が判明したことの意味

土壌汚染が判明したということは、調査をしていない土地から汚染が出ても不思議ではないということを意味します。したがって、なぜ、当該土壌汚染が生まれたのかを考える必要があります。その原因が明らかであり、その原因により汚染の可能性があるところが完全に調査されて、汚染除去の対策もとられたということが判明しない限り、調査をしていない地点から汚染が判明することもあることに注意が必要です。

３　契約上の対処方法

土壌汚染調査を行って判明した汚染を除去したとしても、当該土地について白の証明がされたわけではないという理解の下契約条項を定めるべきです。汚染調査漏れのリスクが非常に低いと考えられる場合は、瑕疵担保免責文言を挿入することも不合理ではないですが、多くの場合は、汚染調査漏れのリスクがそれなりにあると考えて、瑕疵担保条項は残すことが賢明です。もっとも、購入後に速やかに土地開発等を行わない事案では汚染の判明する時点が購入する時点よりも相当程度時間が経過したときでしょうから、短い瑕疵担保期間では十分な対応はできません。そのような場合は、瑕疵担保条項も現実には時間切れで機能しないのですから、売買契約締結時には見えないリスクを一応勘定に入れて、見えないリスクを飲み込む代わりに売買価格を減価するという判断もあると思われます。いずれにしても、地歴調査にどれだけ信用性があるかによってリスクの判断が大きく分かれますので、地歴調査の精度が高ければ、リスクが小さいものの、地歴調査の精度に疑問がある場合は、なおリスクが相当程度残っていると考えて、契約締結時に対応を決める必要があります。

４　改正民法における相違点

以上に述べたことは改正民法の下でも変わりません。

18　買主が土壌汚染の存在を知った上で土地を取得する場合の留意点

売主から土壌汚染調査報告書が提示されました。調査会社も日本有数の信頼できる調査会社です。当社は、土地を購入しても工場を建設する予定ですし、その調査報告書を見ると、基準以上の土壌汚染ですが、汚染の程度は軽微です。汚染があることから、売主の提示してきた売却希望価格はかなり魅力的です。したがって、言い値で購入しようと思います。何か問題がありますでしょうか。

土壌汚染調査報告書の報告内容が、どれだけ土地の汚染状況を的確に記載しているかにかかっています。古くからの工場跡地の場合の地歴調査には限界があることに注意する必要がありますが、地歴調査の問題を除くと、調査結果をおおむね信用できると判断して購入されることに大きな問題はないと考えます。ただし、売却希望価格が魅力的であるといっても、本当に魅力的なのかは慎重な判断が必要です。

解　説

1　土地の市場価格

土地の市場価格は交換価格なので、使用価値の観点からは、かなり安いと判断したくなる場合もあります。したがって、土地の汚染の状況が買主の将来的な土地利用に影響を与えないと判断できれば、魅力的な価格で購入が可能でしょう。ただ、注意すべきは、売出価格が魅力的に見えるのは、売主の付けた値段が低いという場合もありますが、買主が考える値段が高すぎる場合もあります。市場価格がどの程度かは、売買価格が大きければ、不動産鑑定士に意見を聞くことも重要です。すぐに転売するつもりがなくても、会社の事業環境が急激に変化する場合は、その変化に応じて売却を強いられる場合もありますので、特段の事情がない限り、転売するとどの程度の価格で売れるのかという意識を持って不動産購入価格を検討する必要があると思われます。

2　土壌汚染の存在が意味すること

売主が提示してきた土壌汚染調査報告書に基準以上の土壌汚染が判明したようですが、なぜ、そのような土壌汚染が判明したのかということを気にする必要があります。土壌汚染調査は全量調査を行っているわけではありませんので、対象土地のある部分から土壌汚染が見つかったのならば、他の部分から見つかるおそれがないかを検討する必要があります。汚染土地部分がその見つかった部分に限定できる理由が納得できる場合は別ですが、そうではない場合は、他の部分からも見つかるおそれがあることを心配することもあながち不合理ではありません。とりわけ、汚染の調査が、土地全体に精密に行われているわけではない場合は、汚染のおそれがないとか少ないという判断を下した所からの調査漏れの汚染を心配すべきです。その土地がかつて工場敷地として利用されており、しかも、その利用が相当に昔である場合は、地歴調査に疑問がある場合が少なくありません。なお、工場建設予定だから多少の汚染は気にしないという考えは適切ではない場合もあります。特に、新工場の建設に当たって、その土地から敷地外に建設残土を搬出する場合、建設残土に土壌汚染があれば、処理費用がかさむからです。

3　調査会社と売主

調査会社が信頼できる会社として評判が高ければ、売主に迎合して、十分な根拠もなく売主の説明することを鵜呑みにすることは避けられると考えますが、いくら調査会社が信じるに足る企業であっても、調査会社の能力や誠実さではカバーしきれないことも多いことに留意が必要です。売主が誠実な社会的に信用のおける企業であり、かつ、土地を長年所有していた場合は、土地についての情報を豊富に持っているでしょうし、その多くを誠実に調査会社に伝えていると考えてよいと思います。しかし、売主が単に土地を転売目的で最近取得しているにすぎない場合は、売主自体に正確な情報がありません。また、売主が単なる不動産証券化の主体であれば、売却後すぐに解散する場合があることに留意する必要があります。

4　改正民法における相違点

以上に述べたことは改正民法の下でも変わりがないとはいえますが、汚染による減価を明確にしておかないと、「この買主は、土壌汚染を気にしていない。土壌汚染があっても契約適合的だ。」といった議論に巻き込まれかねません。

19　汚染除去を売主に義務付ける場合の留意点

売主から土壌汚染調査報告書が提示されました。調査会社も日本有数の信頼できる調査会社です。当社は、売買契約で報告書記載の汚染土壌を完全に除去してもらえればよいと考えています。引渡日までに除去が行われることを条件に残代金を支払うということでよいのではと思いますが、他に注意すべきことはありますか。

基本的にその対応で問題ないですが、報告書記載の汚染土壌以外に汚染が判明する場合に備えて、一定期間の瑕疵担保責任は存続させておくべきです。というのは、土壌汚染調査漏れのおそれがあることと、開発時の建設残土の汚染調査で新たな汚染が判明する場合があるからです。

解　説

１　土壌汚染調査漏れ

調査会社の調査で判明した汚染土壌を除去する工事計画を立てて、その工事計画どおりに施工すれば、あたかも建物建築に当たって設計図を作成し、その設計図どおりに建物を建てた場合のように、完璧に汚染土壌が除去されると考えてよいかという問題があります。建物の建築に当たっても地盤調査が適正に行われていなければ、与条件に誤りが生まれますので、いくら高名な建築家が設計を行っても、欠陥建築ができてしまいます。それと同様に、土壌汚染調査の与条件に誤りがあれば、いくら信用できる調査会社が調査し、調査結果に基づいて精密な工事計画を立ててそのとおり施工しても、汚染土壌の除去という目的に照らして、完璧な工事がなされたとはいえません。それでは、土壌汚染調査の与条件に誤りがあるというのはどういう場合なのかですが、地歴調査に必要な情報を売主が誤って調査会社に伝えている場合、又は、地歴調査に必要な情報を十分には調査会社に伝えていない場合が挙げられます。

売主から地歴調査に必要な情報が調査会社に十分に伝えられていても、土壌汚染調査が全量調査ではなく、一定の調査ポイントでサンプルをとって調査を行うものであることから、調査漏れが一定の割合で生じるのは不可避であると思われます。それならば、調査ポイントの設定をより細かく行えばいいということもいえますが、コストがかかりすぎることになります。コストとの兼ね合いも考えて、現在の土壌汚染対策法の調査方法が決められたと考えられますので、同調査では判明し得ない土壌汚染の存在が何らかの資料から明らかであるといった特段の事情でもない限り、同法の調査方法に従った調査は合理的で、その調査結果に満足するのも合理的です。しかし、その調査結果により地中の土壌汚染状況が100％つかまえられていると考えるのは誤りです。全量調査ではないことからの回避し得ない調査漏れがあるからです。

2　調査漏れが判明する局面

せっかく売主が調査して対策をとってくれたのに、買主が改めて調査をするということは通常考えられません。しかし、土地で建築工事を行うに当たっては、杭部分や基礎部分や地下室部分の土を掘削し、これを敷地外に運搬して処分する必要があります。その場合、建設残土を受け入れる処分場で、運ばれてくる土壌が基準に適合していることを確認するために、掘削計画に応じて調査ポイントを指示し、調査の結果を提出することを求めます。この調査ポイントは、土壌汚染対策法で定める調査方法で決まる調査ポイントとは全く関係がありません。そこで、その残土処分に当たって行う調査で、これまで判明していなかった汚染が見つかることがあります。

今一つ、汚染が新たに判明する局面として、転売先での調査を挙げることができます。買主が大きな工場跡地を購入し、その後、開発許可を得て、又は位置指定道路を得て、土地を分割して販売するといったこともよく行われます。そういう場合、転売先が、当該土地の過去の履歴を考慮して、念のため調査を行う場合があります。特に、土地購入代金に対して融資を行う金融機関の求めに応じて調査がなされる場合があります。この場合、分割された土地における調査ポイントのメッシュの切り方の起点が、分割前の土地のメッシュの切り方の起点とずれることがあります。なぜなら、起点は、調査対象地の北東角地点とされるからで、そうなると、メッシュ自体がずれて、調査ポイントもずれてきます。そのため、前の調査で判明していなかった汚染が判明することがあるわけです。

3　買主のとるべき対応

売買契約締結時点の対応としては、売主が用意した土壌汚染調査報告書に従った対策工事の完了を確認して売買代金を決済するということでよいのですが、以上で説明しましたように調査漏れが判明してしまうことがありますので、特に、建設残土の残土処分時点で汚染が判明すること、転売先への転売後に新たなメッシュの切り方で汚染が判明することを想定し、一定期間、瑕疵担保期間を売買契約書で確保することが買主にとっては重要な対応となります。

もちろん、個別具体的な取引でそこまで追及するとディール（取引）が成立しない場合もあるでしょう。その場合は、調査漏れが判明する実質的なリスクも念頭に置いて、調査漏れリスクを飲み込むという選択もありますが、それはビジネス判断となります。

４　改正民法における相違点

以上に述べたことは改正民法の下でも変わりはないといえますが、土壌汚染調査漏れで新たに土壌汚染が判明した場合に、新たに判明した土壌汚染が事前に判明していた土壌汚染と同質のものであれば、新たに判明した土壌汚染も事前に判明していた土壌汚染と同様の対策を売主に求めることが追完請求としては適切な請求となると考えます。これは、Ｑ２の３(2)の一般論の例外として考えてよいかと思います。なぜならば、もともと売買契約に単位区画ベースで汚染土壌を掘削して除去する義務が売主に課されていたと解し得るからです。

それでは、買主が追完請求せずに、それに要する損害を賠償請求することができるのかという問題が発生し得ます。というのは、追完請求せずに履行に代わる損害賠償を請求できないという考えも示されているからです（「履行に代わる損害賠償」については改正民法415条2項が基本的に妥当して、まず追完請求することが原則となるとの考え方です（潮見佳男『民法（債権関係）改正法の概要』264頁（きんざい、2017年）。）。これまでは瑕疵担保請求において、追完請求がなかったこともあり、当然に損害賠償請求ができたところ、改正民法415条2項がまず追完請求せよとの考え方ですのでそれに合わせるというものですが、現実的ではなく疑問です（高須順一「民法改正に伴う不動産取引における法的課題」

不動産政策研究会編『不動産政策研究各論Ⅰ不動産取引法務』32頁（東洋経済新報社、2018年）参照)。売主に追加対策をしてもらわなければならない必然性はないと考えます。この点は、今回の民法改正が意図的にこれまでの民法における取扱いを否定した論点ではないので、従来どおり、追完請求せずに履行に代わる損害賠償を請求できると解します。

なお、追完請求せずに履行に代わる損害賠償を請求する場合に、その損害の中には代金減額部分とそれを超えた損害賠償部分の双方が含まれる場合がほとんどだと思います。代金減額請求部分は売主の責に帰すべき事由が不要ですが、それを超えた損害については、改正民法564条が改正民法415条を引用している以上、売主の責に帰すべき事由が必要となると解される余地があります。この点は、Ｑ２の３(4)でも言及しましたが、そのように解すると、従来の民法の取扱いを変更することになります。どこまでこの結果の妥当性を検討した改正であるのか不明であり、今回の改正の本来の目的である、従来判例で確立した原則を条文に落とすという目的から逸脱した結果をもたらします。

20　公害等調整委員会の役割

購入した土地が土壌汚染だらけのようで困惑しています。土壌汚染の全貌を把握する土壌汚染調査の費用は高くて、当社ではとても負担できません。公害等調整委員会に依頼して調査してもらうことはできますか。

公害紛争処理をする機関として、国レベルでは公害等調整委員会があり、都道府県レベルでは公害審査会があります。公害審査会が常設されていない県もあります。これらは、紛争処理機関です。土壌汚染は典型7公害の一つですので、土壌汚染による損害賠償請求等をめぐって紛争が発生すれば、あっせん、調停、仲裁又は裁定（公害等調整委員会の場合）を通じた紛争の解決をこれらの機関に申し立てることができます。公害等調整委員会は、重大事件や広域事件や県際事件を扱います。したがって、土壌汚染をめぐる紛争につき、公害等調整委員会にあっせん、調停、仲裁、裁定を申し立て、これが受理されれば、紛争解決に必要と判断する限りで、公害等調整委員会が公費で調査をします。したがって、土壌汚染の調査の必要があると公害等調整委員会が判断すれば、公費での調査が行われる可能性はあります。ただし、紛争の解決のためではなく、単に土壌汚染の全貌を知りたいという理由で調査を求めるということはできません。

解　説

1　公害等調整委員会

公害等調整委員会は、国の公害紛争処理機関です。重大事件、広域事件、県際事件を扱います（公害紛争24）。あっせん、調停、仲裁だけでなく、損害賠償責任の有無や賠償額に関する責任裁定や因果関係に関する原因裁定を行う権限もあります（公害紛争42の12・42の27）。近年は、新規係属事件の多くが裁定事件といわれています。

2　公害等調整委員会による裁定

公害等調整委員会による裁定は、3人又は5人の裁定委員からなる裁定委員会を設けて行います（公害紛争42の2①）。裁定申請があれば、裁定委員会は被申請人に出頭命令が可能であり、違反は過料に処されます（公害紛争42の16①一・53一）。裁定においては、裁判と同様の法的判断がされます。裁定委員会は、職権による調査が可能であり（公害紛争42の18）、その費用は公費負担です。

責任裁定の場合、裁定書が当事者に送達された日から30日以内に訴えが提起されないとき、又はその訴えが取り下げられたときは、その損害賠償に関し、当事者間にその責任裁定と同一内容の合意が成立したものとみなされます（公害紛争42の20①）。

3　川崎市土壌汚染財産被害責任裁定申請事件

土壌汚染で公害等調整委員会の責任裁定がなされた事件があります。これは、東急電鉄が第三者から購入した土地に発見された土壌汚染について、その汚染は、川崎市が搬入し、埋め立てた焼却灰や耐久消費財が原因であるとして、東急電鉄が川崎市に対し、国家賠償法1条

1項に基づいて、土壌汚染対策工事費等の損害賠償金の支払を求めて、公害等調整委員会に責任裁定を申し立てた事件です。

公害等調整委員会は、東急電鉄の主張をおおむね認めて、川崎市に約48億円の損害賠償責任があると認定されました（詳細については、小澤英明『土壌汚染対策法と民事責任』393頁以下（白揚社、2011年）参照）。これに対して、川崎市は、裁定を不服として、東急電鉄を被告として債務不存在確認を求めて出訴し、これに対し、東急電鉄が反訴請求を行いました。東京地裁判決、その控訴審の東京高裁平成25年3月28日判決（判タ1393・186）ともに、責任裁定とは逆に、川崎市の主張を認め、東急電鉄の請求は棄却されました。

第２章　賃貸借に伴う法的義務又は責任

第１　土地賃貸人の法的義務又は責任

21　借地権設定時の土壌汚染

借地権マンションを分譲するデベロッパーに対して、当社所有の土地に定期借地権を設定しました。デベロッパーが建設工事に着手する前に調べたところ土壌汚染が出てきたと言って、土壌汚染除去工事として掘削除去を求めてきました。実は、かつて、その土地の一部でクリーニング店が営まれていたことがあり、その汚染のようです。当社は、まさかそのような汚染があると思ってもいませんでしたし、そのような土壌汚染対策をしなければならないならば、土地を貸すこともありませんでした。どうしたらいいでしょうか。

土壌汚染の掘削除去をするのでは巨額の費用がかかって御社の賃貸事業の採算に合わないのですね。一方、賃借人は土壌汚染があるままでは定期借地権マンションの分譲事業ができないのでしょう。従来の民法の下では御社に土壌汚染除去義務はないと考えますが、御社が除去をしないと賃借人は賃貸借を解除して、損害賠償を請求してくることが予想されます。誠意をもって賃借人と善後策を協議し、解除に応じること、賃借人が現に被った損害の賠償を行うといった内容で

早急に事案を解決することが賢明だと考えます。改正民法下では議論があり得ますが、汚染土壌の範囲を特定することは困難であり、巨額の費用がかかるのでは履行不能でもありますから、土壌汚染除去義務を負わないと考えます。

解　説

1　賃貸借契約の瑕疵担保責任

賃貸借契約の対象の土地や建物についても目的物の瑕疵担保責任があります。これは、売買契約の各種規定が他の有償契約にも準用されているからです（民559）。したがって、賃貸借の目的物が通常備えるべき性質や機能を欠いていれば、瑕疵担保責任が問題になるのです。契約締結時点で欠けているかどうかが問題になります。契約締結時点では欠けていないけれども時の経過で契約締結時点の性質や機能を欠くことになれば、修繕義務があるかどうかの問題になります。賃貸借の目的物の修繕義務は、特約がない限り賃貸人にあります（民606）。

2　土地の賃貸借と土壌汚染

土壌汚染があっても、賃借人の土地利用にはほとんど問題がない場合が少なくないと思います。土地の売買の場合とは異なって、土壌汚染が土地の瑕疵なのかどうかがまず議論されるべきと考えます。土壌汚染が土地の売買で瑕疵と判断されるのは、土壌汚染があれば土地価格が明らかに減額されるからです。土地の賃貸借の場合も、そのまま利用すれば土地の利用者の健康を害するおそれがあれば論外ですが（つまり、直ちに瑕疵ありとの判断になりますが）、賃借人が土壌汚染の存在ゆえに経済的に全く影響を受けないのであれば、基準以上の土壌汚染があっても瑕疵と判断されないように思われます。したがって、賃貸借の場合は、賃借人に経済的不利益があるのかを検討する必要があります。実質的不利益があれば、土壌汚染は賃貸借の目的物としての土地の瑕疵ということになります。

3　定期借地権マンション

定期借地権マンション分譲の土地利用を目的とする場合、最終的には、分譲マンションを購入する購買層が土壌汚染に対してどのような感情を持つかが重要です。一般には、土壌汚染をマンション購入者は非常に嫌うといわれています。特に乳幼児を持つ母親には、子育ての環境が子供たちの健康に少しでも悪影響を与えかねないという事情は大問題であって、本能的に土壌汚染地を嫌う傾向にあると思われます。したがって、買主が分譲マンション用地として土地を仕入れる場合は、汚染土壌の掘削除去を求めるといわれています。今回の借地人も定期借地権マンション分譲のために土地を借りたわけですから、土壌汚染を掘削除去してくれない限り、借りられないという反応を示すのは無理のないことです。

しかしながら、今回の借地人が御社に対して汚染土壌の掘削除去を求めることができるかですが、これはできないと考えます。売買の瑕疵担保責任に修補請求権はなく、売買の瑕疵担保責任を準用する賃貸借の瑕疵担保責任についても同様に考えるべきだからです。この点で改正民法とは異なります。改正民法の下でどのように考えるべきかについては後述します。

しかし、定期借地権マンション分譲目的の土地賃貸借ですから、基準を超えた土壌汚染は賃貸借の目的物の瑕疵であり、その土壌汚染が除去されない限り、賃貸借契約の目的を達成できないことから、賃貸借契約の解除も可能だと考えます（民559・570・566）。損害賠償も可能です。損害賠償の範囲については議論があります。御社の立場からは、できるだけ借地人の実損に限定すべく交渉することが賢明です。

４　改正民法における相違点

既に説明しましたように、改正民法では、売買契約の瑕疵担保責任が契約不適合責任と名称が変わっただけでなく、様々な条文の改正を行っていますので、注意が必要です。改正民法では、買主に追完請求権があります（平29法44改正民562①）。定期借地権マンション分譲が契約の動機であり、これを御社も十分承知であれば、借地人から、土壌汚染除去の請求をされることが考えられます。その対策に巨額の費用がかかるようであれば、御社としてはどうしようもなく、放置するしかないでしょう。そうなると、借地人は賃貸借契約の解除を行い、損害賠償を請求してくることでしょう。御社は、借地契約締結時にかつてこの土地でクリーニング店が営まれていたことを知っていたのであれば、土壌汚染の可能性があることを告げるべきであったとして、債務不履行責任があると借地人が主張してくる可能性があります。その場合は、マンション分譲により生まれたであろう逸失利益まで請求されかねません。御社としては、借地人に過失があったとして反論すべきでしょうが、民法改正前に比べて御社が非常に苦しい立場に立つように思われます。

なお、借地人があくまでも御社に掘削除去による土壌汚染の除去を請求することもありますが、土壌汚染が判明した場合、追完請求として掘削除去を請求することはできないと考えます。この点については、売買の場合について説明したところと同様ですので、Ｑ２の３(2)

を参照してください。また、賃貸借の場合は、売買の場合と異なって、土壌汚染が存在する場合の賃借人の損害は、追完請求として掘削除去を請求する場合の掘削除去に要する費用よりはるかに少ない場合が多いと思われますので、掘削除去を求めることは、社会通念上不能なことを求めるものであるとして、改正民法412条の2第1項を根拠としても履行不能で認められないと考えます。

5　改正民法下の留意点

土地の賃貸人としてこのようなトラブルに巻き込まれないようにするためには、以下の対応を行っておくべきと考えます。第1に、賃貸借契約締結前に、御社が知っている本件土地の土壌汚染につながる情報を包み隠さず全て賃借人候補者に開示すること、第2に、本件土地に土壌汚染があるか否かは不明であることを賃借人候補者に伝えておくこと、第3に、希望があれば賃借人候補者に契約締結前に十分本件土地を調査する機会を与えること、又は、賃貸借契約で、一定期間賃借人に土壌汚染の調査を行う機会を与え、土壌汚染が出てきた場合には、賃借人には掘削除去等の追完請求権はなく、しかし、無条件で賃貸借契約の解除を認めること、ただし、その場合、賃借人には賃貸人にいかなる損害賠償も請求できないことを明記しておくことが賢明であるように思います。もちろん、事案によって、取引を成立させるために様々な譲歩も考えられますが、特に土壌汚染のおそれがある土地をマンション分譲業者に賃貸する場合は、様々な事態を想定して対応すべきです。

22　土壌汚染対策法における土地賃貸人の位置付け

土壌汚染対策法において、土地賃貸人が行政庁に対して土壌汚染の調査義務や対策義務を負うことがあるのでしょうか。

土地の賃借人が水質汚濁防止法上の特定施設の使用を廃止した場合に、土壌汚染対策法3条3項により調査を行う義務が発生する場合があります。賃借人が大規模な開発を行う場合、調査命令は賃貸人に出る場合と賃借人に出る場合と分かれると思います。措置命令は、原因者である賃借人が措置の責任を果たせない場合や、そもそも土壌汚染の原因が現在の賃借人にはない場合に、賃貸人に対して出る場合があります。

解　説

1　特定施設の使用廃止時点の調査

土壌汚染対策法3条1項は、水質汚濁防止法の特定施設の使用の廃止時点で、特定施設の設置者であった土地の所有者等に土壌汚染の調査義務を課しています。ただし、その廃止時点で、施設の設置者と土地の所有者等とが異なる場合は、都道府県知事が土地の所有者等に使用が廃止されたことを通知します（法3③）。この場合は、土地の所有者等が調査を行うことになると平成31年通知では解説しています（平成31年通知第3　1⑵②）。地方公共団体の運用もこの解釈に従うと思われますので、以下は、この解釈を前提とします。

土地の「所有者等」という言葉は、土地の所有者、管理者又は占有者と定義されています（法3①）。土壌汚染対策法施行令や土壌汚染対策法施行規則でもそれ以上の詳細な定義がないので、合理的解釈で考える必要がありますが、平成31年通知では、「『土地の所有者等』とは、土地の所有者、管理者及び占有者のうち、土地の掘削等を行うために必要な権原を有し調査の実施主体として最も適切な一者に特定されるものであり、通常は、土地の所有者が該当する。なお、土地が共有物である場合は、共有者の全てが該当する。『所有者等』に所有者以外の管理者又は占有者が該当するのは、土地の管理及び使用収益に関する契約関係、管理の実態等からみて、土地の掘削等を行うために必要な権原を有する者が、所有者ではなく管理者又は占有者である場合である。その例としては、所有者が破産している場合の破産管財人、土地の所有権を譲渡担保により債権者に形式上譲渡した債務者、工場の敷地の所有権を既に譲渡したがまだその引渡しをしておらず操業を続けている工場の設置者等が考えられる」（平成31年通知第3　1(2)①）としています。

つまり、土地の占有者や管理者という言葉は、文言だけ見ると広く解する余地があるのですが、行政解釈ではかなり限定的に解しているわけです。したがって、土地を賃借して水質汚濁防止法の特定施設を設置していた借地人も、原則として、この「占有者」には該当せず、土地の所有者等とは、土地の所有者と解される場合が多いと考えておくべきように思われます。

したがって、土地の賃借人が水質汚濁防止法の特定施設の設置者であった場合は、原則として土地の賃貸人が土壌汚染対策法3条1項に基づいて、その使用の廃止時の土壌汚染調査をすべきことになります。

ただし、土地の賃貸人が特定施設の設置者でもなかった場合にどのように的確に調査ができるかは大いに疑問があります。そこで、土壌汚染対策法61条の2では、「有害物質使用特定施設を設置していた者は、当該土地における土壌汚染状況調査を行う指定調査機関に対し、その求めに応じて、当該有害物質使用特定施設において製造し、使用し、又は処理していた特定有害物質の種類等の情報を提供するよう努めるものとする。」との規定を定めています。

２　大規模な形質変更時の調査

土壌汚染対策法4条は、3,000m²以上の形質の変更を行う場合に（規22）、当該土地が特定有害物質で汚染されているおそれがあると都道府県知事が判断する場合に、土地の「所有者等」に対して調査命令を出すものです。

そこで、同法4条に関しては、土地を賃貸して賃借人がその土地で事業を開始すべく、土地の形質を変更する行為をする場合も、土壌汚染のおそれがあれば、土地の所有者である賃貸人に調査命令が出ることになる場合がほとんどだろうと思われます。

ただし、同法4条の大規模な形質変更を契機とする調査は、その形質変更を行う者が土地の所有者等でない場合は、「当該土地の所有者等の当該土地の形質の変更の実施についての同意書」を形質変更の届出に添付しなければなりません（法4①、規23②二）。したがって、土地所有者が賃貸人になる場合は、賃貸人が知らない間に行政庁から調査命令を受けるということはありません。なお、土地の賃借人が土地の開発を行うに当たって、土地の掘削権限も全て賃貸人から与えられている場合は、平成31年通知からも、土地の賃借人を、土地の所有者等に含めて解する余地があると考えます。したがって、賃借人に調査の責任を負わせたい場合は、賃借人に調査命令を出してもらえないかを行政当局と相談される余地があると考えます。

３　健康被害のおそれがある場合の調査

土壌汚染対策法5条は、特定有害物質による汚染により人に健康被害を生ずるおそれがあると都道府県知事が判断する場合に、土地の「所有者等」に対して調査命令を出すものです。同法5条の調査命令が発動される場合としては、賃借人が土地上で工場を営んでおり、その操業からの汚染を危惧する場合が多いと思われます。そのような場合でも、原則として土地の所有者である賃貸人に調査命令は出るものと思われますが、土地の賃借人に土地の掘削権限もある場合は、賃借人を土地の所有者等として賃借人に調査命令が出ることもあると考えます。

４　土壌汚染対策法上の措置の指示又は命令

土壌汚染対策法上の措置の指示や命令は、要措置区域内の土地の「所有者等」に対して出るのが原則です（法7①）。ただし、「当該土地の所有者等以外の者の行為によって当該土地の土壌の特定有害物質による汚染が生じたことが明らかな場合であって」、その行為をした者に「汚染の除去等の措置を講じさせることが相当であると認められ」る場合は、その行為者に指示や命令を出すことになっています（法7①）。

土地所有者が賃貸人で、賃借人が工場を操業して土壌汚染の原因を作っている場合、上記のとおり、土壌汚染対策法7条1項ただし書で、賃借人に措置の指示や命令が出るものと考えます。しかし、賃借人が倒産状態といった場合は、多額の費用のかかる措置の指示や命令を賃借人に対して出すことは「相当であると」認められないでしょうから、土地所有者である賃貸人に措置の指示や命令が出ると考えます。

問題となっている土壌汚染が現在の賃借人によってではなく、相当過去に発生しているような場合は、その過去の原因者が判明し、その者に指示や命令を出すことが相当である場合を除いて、現在の土地所有者である賃貸人に措置の指示や命令が出ることになります。

第２　土地賃借人の法的義務又は責任

23　賃借していた土地を返還するときの原状回復義務

戦後すぐの頃から、借地で長年工場経営を行ってきました。当社は、法令遵守には敏感で、常に環境法規は厳しく守ってきたと考えています。この度、当社も事業転換を図り、この工場を閉鎖して土地は地主に返還しようと考えています。ただ、先日、土壌汚染調査を行ったところ、おそらく昭和30年代の事業に関係して重金属汚染が一定程度出てきました。地主に返還する際に、当社にはどのような法的責任が発生しますか。土壌汚染は完全に除去して返還しなければならないでしょうか。

土地の減価につき、賃借人の損害賠償義務があることが原則だといえますが、賃貸人が放置していることをもって、過失相殺が認められる場合もあると思われます。借地契約に原状回復条項があれば、原状回復義務があり、土壌汚染のない土と入れ替えて返還することが求められることもありますが、契約締結当時、「原状回復」という言葉で当事者が何を考えていたのかを検討する必要があります。

解　説

1　環境規制の歴史

今から60年前の社会の常識と現在の社会の常識とでは、様々な相違点があります。土壌汚染についての考え方は劇的に変わりました（小澤英明「日本における土壌汚染と法規制－過去および現在」都市問題101巻8号（2010年）参照）。日本では1970年（昭和45年）に水質汚濁防止法も廃棄物処理法も成立しました。以後、この二つの法律は徐々に規制が厳しくなり、また、その他の環境法も充実し、今や環境法を遵守している限り、土壌汚染は発生しません。しかし、昭和45年以前は今の感覚からすると、環境規制はないに等しい時代でした。工場廃水を敷地に垂れ流しても、また、廃棄物を敷地内に埋め立てても、原則として法令に反しないという時代でした。したがって、昭和45年以前は、どのような土壌汚染の原因行為がなされたか不明な時代といってもよいと思われます。工場によっては、土壌汚染対策法の特定有害物質が相当量蓄積していてもおかしくありません。当時は、地主も工場を誘致できて、その事業活動を見て満足し、地代も得られて、何の不満もなかった場合も多いと思います。実際、その事業活動が地代の源泉でもあったわけです。

2　善管注意義務違反と過失相殺

このように考えると、明らかに常識を逸した土壌汚染行為は別にしても、その時々に許された工場の通常の運営を行っていた結果として土壌汚染が生じていた場合は、直ちにその事業活動が善良な管理者としての注意義務違反なのかという疑問も出ると思います。しかし、地主にとっては、借地人がどのような化学物質を使用しているかなどは全く分かりません。実際にどのように土地を利用するかは借地人に任せている場合が多いと思います。ただ、任せているといっても、土地の価値が減価することまで容認してはいないと思います。したがって、土地の価値を減価させた借地人の行為は、借地人の善良な管理者としての注意義務違反であると一般的にはいえそうです。ただ、借地人が法令や条例を遵守しながら行ってきた行為でも土壌汚染が生じた場合があり、地主も借地人の事業活動で地代という経済的利益を享受できたことも考えあわせますと、地主が借地人の事業活動を容認していたということに着目して、過失相殺を認める余地はあると考えます。

３　原状回復請求権

今や、特定有害物質で汚染された土地は大きく減価されてしまいます。そこで、地主が借地人に対して原状回復請求権を根拠に土壌汚染の除去を請求できるのかという問題があります。日本では賃貸借契約にほとんど原状回復義務が規定されています。これは、土地でも建物でも同じです。しかし、不動産の賃貸借といっても、期間60年の土地賃貸借と期間2年の学生アパートの賃貸借を同列に論じることは、実は奇妙なことです。期間60年の土地賃貸借では最初の状況に戻すということがそんなに重要なことなのかが疑問になって当然です。許された土地利用を行って、善良な管理者としての注意義務を尽くして土地を管理してきたのであれば、土地賃貸借終了時点の現状有姿で返還してもいいのではという疑問も当然に起きます。実際、これまでの民法では、賃貸借における賃借人に原状回復義務は課されていませんでした。したがって、原状回復請求権は、土地賃貸借契約で原状回復義務がある場合にのみ議論すべきことになります。

当該土地賃貸借契約で原状回復義務がある場合を検討します。その場合、原状とは何かが問題になります。

土壌汚染の除去の措置として代表的な掘削除去という工法は、汚染土壌を搬出して清浄な土壌を搬入するものです。ただし、「搬出土－有害物質＝搬入土」という等式は成り立ち得ません。搬入土は搬出土とは全く別物だからです。したがって、これをもって原状回復といえるのかが問題になります。しかし、社会常識的に判断すれば、搬入土が搬出土の代替土として合理的なものであれば、汚染のない搬入土の搬入をもって原状回復と判断される場合が多いのではないかと考えます。

ただし、土壌汚染対策法制定より前の段階では、一般的に工場の操業による土壌汚染は特別の事情がなければ気にされていませんでした。したがって、土地賃貸借契約で原状回復義務が規定されていても、それは、土地上の建物を含む工作物の撤去を意識して規定されていたと思われます。その場合に、当事者の合理的な意思解釈として、「原状」とは何かが問題になります。土壌汚染の状況が土地を利用する者に健康被害をもたらすようなものであれば、いくら古い賃貸借でも、そのような汚染は原状回復時に除去することが当事者の意思だったと解釈できますが、土壌汚染の状況がそのようなものでなければ、議論があると思います。事案に応じて検討すべき問題だと考えます。

4　改正民法における相違点

改正民法においては、賃貸借契約における原状回復義務が規定されました（平29法44改正民621）。したがって、改正前の土地賃貸借契約で原状回復義務がある場合と同様に考えることができます。ただし、もちろん、土壌汚染対策法の制定後に形成された常識で、原状回復とは何かを考える必要があります。

24　借地人に対する措置命令

土壌汚染対策法では、「土地の所有者等」という言葉で「土地の所有者、管理者又は占有者」という定義があります（3条1項）。そうなると、借地人は「土地の所有者等」として、措置命令の対象者になるのでしょうか。実は、土地を地主から借りて工場を建設しているのですが、この土地は古くから工場敷地として使用されており、土壌汚染の可能性がある土地です。過去の工場所有者は既に解散しています。現在の地主には資力がないので、土地の所有者に代わって当社が措置命令を受けるようなことになると困りますので、お尋ねする次第です。

要措置区域に指定されれば、措置命令の対象者となることが状況によっては考えられます。

解　説

1　土壌汚染対策法の土地の「所有者等」

既にQ22で解説しましたが、土壌汚染対策法では、土地の「所有者等」という言葉は、土地の所有者、管理者又は占有者と定義されています（法3①）。土壌汚染対策法施行令や土壌汚染対策法施行規則でもそれ以上の詳細な定義はありませんが、平成31年通知では、「『土地の所有者等』とは、土地の所有者、管理者及び占有者のうち、土地の掘削等を行うために必要な権原を有し調査の実施主体として最も適切な一者に特定されるものであり、通常は、土地の所有者が該当する。なお、土地が共有物である場合は、共有者の全てが該当する。『所有者等』に所有者以外の管理者又は占有者が該当するのは、土地の管理及び使用収益に関する契約関係、管理の実態等からみて、土地の掘削等を行うために必要な権原を有する者が、所有者ではなく管理者又は占有者である場合である。その例としては、所有者が破産している場合の破産管財人、土地の所有権を譲渡担保により債権者に形式上譲渡した債務者、工場の敷地の所有権を既に譲渡したがまだその引渡しをしておらず操業を続けている工場の設置者等が考えられる」（平成31年通知第3 1(2)①）としています。この考え方で運用をしている地方公共団体が多いと思われます。参考になる裁判例もありませんので、実務上は、この通知を判断基準として考えるしかないと考えます。

2　措置の指示や命令の相手方

この点も既にＱ22で解説しましたが、土壌汚染対策法上の措置の指示や命令は、要措置区域内の土地の「所有者等」に対して出るのが原則です（法7①）。ただし、「当該土地の所有者等以外の者の行為によって当該土地の土壌の特定有害物質による汚染が生じたことが明らかな場合であって、」その行為をした者に「汚染の除去等の措置を講じさせることが相当であると認められ」る場合は、その行為者に指示や命令を出すことになっています（法7①）。ご質問の内容からは、過去の工場所有者に土壌汚染を生じさせた疑いがあるということのようですが、過去の工場所有者は既に解散しているとのことですから、過去の工場所有者に指示や命令を出すことは「相当」ではありません。したがって、原因者ではない、土地の「所有者等」に指示や命令が出ると考えるべきです。その場合、平成31年通知からは、原則として、土地所有者に指示や命令が出ると考えるべきですが、土地所有者に資力がないとすると、土地所有者に指示や命令を出すのも適切とは思えません。御社が土地を工場敷地として借りていて、工場の増改築等も自由に行っているという状態であれば、御社が土地を借地人として占有しているだけでなく、土地の掘削等を行うために必要な権限もあるものとして、御社に措置の指示や命令が出ても不合理ではありません。

3 措置の指示や命令が出る場合

御社としては、自らが汚染をもたらしたものでもなく、土地の所有者でもないのに、なぜ措置の指示や命令を受けなければならないのか、理不尽極まると思われるでしょうが、措置の指示や命令は、要措置区域における土壌汚染に出るものです。したがって、仮に土地に汚染が多く存在していても、そのことが要措置区域の指定の引き金を引くことがなければ、要措置区域には指定されません。どういう場合に、土壌汚染対策法の要措置区域の指定があるかですが、指定がされる場合は、単に指定基準を超えた汚染があるというだけではなく、健康被害のおそれがある必要があります（法6①二）。しかも、その調査が任意の調査ではなく、土壌汚染対策法において土壌汚染調査が義務付けられる場合に限られます。すなわち、土壌汚染対策法3条、4条、5条により調査が義務付けられる場合に限ります。これらについては、Q29で詳しく説明します。

4 改正民法における相違点

以上に述べたことは改正民法の下でも変わりません。

第３章　土地開発に伴う法的義務又は責任

第１　大規模な形質変更時の法令・条例上の義務

25　自主調査報告書の満たすべき水準

2017年（平成29年）改正で規定された土壌汚染対策法4条2項に従って、自主的な土壌汚染調査報告書を提出しようと考えています。この調査報告書はどのレベルの質を有していなければならないでしょうか。また、調査報告書が不備だとして、調査命令が出ることはあるのでしょうか。

土壌汚染対策法で土壌汚染状況調査として求められる水準の調査がなされていることが必要です。その水準の調査がなされていなければ、調査としては不備ですので、調査命令が出ます。

解　説

1　2017年（平成29年）改正で新設された土壌汚染対策法4条2項

2017年（平成29年）改正で、土壌汚染対策法4条で大規模な形質変更（3,000m^{2}以上（規22））の場合に実務上しばしば行われていた形質変更者、すなわち開発を行う者からの自主調査報告書の提出が4条2項として制度化されました。従来の4条2項が改正法の下では4条3項に移り、新たに制度化された条項が4条2項に入りました。これも法2条2項で「土壌汚染状況調査」と呼ばれることになりました。

この改正後の4条2項における調査の水準は、3条1項の「環境省令で定める方法」による調査が必要であることが明記されています(法4②)。この「環境省令で定める方法」とは、従来と同様であり、土壌汚染対策法施行規則2条ないし15条となります。

２　水準を満たさない調査

2017年（平成29年）改正で自主調査が上記のとおり土壌汚染対策法施行規則2条ないし15条の水準を満たしている場合に限り、改正後の法4条2項で、その調査結果を提出することで、改めての調査命令を受けないことになりますので（改正後の法4③ただし書)、その水準を満たしていなければ、改正後の法4条3項の本文に従って、調査命令を受けることになります。

26　行政庁の調査命令

当社は、郊外にショッピングセンターを開設したいと考えています。敷地となる土地は、一部は土地買収、一部は借地を考えています。敷地が3,000m^{2}を超えますので、開発に当たって土壌汚染の調査命令が出る場合もあるかと思いますが、土壌汚染の観点で開発までに注意すべき点を教えてください。

調査をどの段階で行うのか、それとも行わないのか、調査を行って土壌汚染が判明した場合にどういう対応をすべきか、事前によくプランを練って進む必要があります。また、条例で法律以上の規制がないかも事前に調査すべきです。

解　説

1　条例のチェック

大規模な開発をする場合の土壌汚染調査ですが、多くの地方公共団体は、国の法律である土壌汚染対策法以上に厳しい規制を行ってはいません。しかし、先述した名古屋市の環境確保条例のように、土壌汚染対策法4条の3,000m^{2}以上（規22）という基準より狭い形質変更の場合も規制を行っている場合があります（第１編第１章第３　２参照）。そこで、土壌汚染対策法と同じ規制なのか否かをまず調査すべきです。以下は、土壌汚染対策法4条の規制を念頭に置いて説明します。

2　土壌汚染の可能性がないと思われる土地

地歴調査の結果、過去に土壌汚染の可能性がないと思われる土地の場合は、土壌汚染対策法4条の調査命令が出る可能性はまずないという前提で開発計画を進めてよいと考えます。ただ、地歴調査は、念入りに、適宜関係者にヒアリングを行って、また、経験豊富な指定調査機関の意見も参考にするべきです。登記簿謄本の過去の地目が「農地」だから土壌汚染の可能性はない、と即断するようなことは避けるべきです。

3　土壌汚染の可能性があると思われる土地

土壌汚染の可能性があると思われる土地は、そもそもそのような土地でショッピングセンターを事業化することが適切かというところから検討すべきです。

まず、購入する土地については、購入後に深刻な汚染が判明した場合にどうすべきかがなかなか事前には決めきれないと思いますので、売主に土壌汚染調査を行ってもらって、その内容を見て対応を決めるのがオーソドックスな方法であろうと思います。調査結果報告で汚染が判明した場合は、引渡し前に売主の責任で汚染を除去してもらえるのか、売主と交渉する必要が出てきます。

難しいのは、借地部分です。借地部分がないとショッピングセンターの開発ができない場合は、並行して借地部分の土壌汚染も注意が必要です。その借地部分も土壌汚染の可能性があるのであれば、同様に地主に土壌汚染調査を行ってもらえるのかが問題になります。大規模な開発計画で多額の金銭が借地契約時点で動くのであれば、地主が土壌汚染調査をする場合もあります。しかし、そうでなければ、地主は、土壌汚染調査を行ってくれない場合もあります。そのような場合、いずれ、借地部分も開発するという前提で土壌汚染対策法4条の届出が必要な以上、その旨、地主に話して、同条の届出に要する地主の同意書（規23②二）を出してもらえるのか、同意書を出してもらえる場合は、御社が同条の届出を出した場合に、調査命令が出る場合があること、その命令が出たら、調査せざるを得ないこと、調査の結果土壌汚染が判明したら地主が自らの負担でどこまで土壌汚染対策をしてくれるのかを、事前に地主とよく協議しておくべきです。このように、将来の判然としない事情を前提に交渉することは難しさがあります。したがって、地主が任意に土壌汚染調査をしてくれない場合は、御社がデューディリジェンスの一環として、土壌汚染調査をさせてもらって、調査費用は御社持ちで事業を進めることが堅実な場合も少なくないと思います。その場合も、汚染が出てきた場合は、御社が事業を諦めるか、御社が対策も行って、土壌汚染調査対策費は地代減額要因として処理するか等を検討される必要が出てきます。

4　行政庁との協議

以上に述べたように、土壌汚染の可能性がある土地の開発においては、土壌汚染対策法との関係で複雑で難しい処理が必要になります。Ｑ25で解説したように、2017年（平成29年）改正で、開発者が自主的に行った土壌汚染調査結果を土壌汚染対策法4条の調査として受領してもらえる制度ができましたので、無駄な調査を繰り返すことがないように、行政庁と緊密な相談をして、どういう段取りでどういう調査を行えば最も無駄がなく早急に土壌汚染対策法4条の手続が進むのかを計画することが必要です。

第２　調査義務猶予地の土地開発時の調査義務

27　自ら開発する場合

過去に当社の工場で特定有害物質の使用をやめたのですが、引き続き工場として使用するということで、土壌汚染対策法3条1項ただし書に従って土壌汚染調査を猶予されていました。この度、工場敷地の一部に新たに工場を増設したいのですが、注意すべきことを教えてください。

新たな工場の建設に当たって形質変更の面積が900m²以上であれば、2017年（平成29年）改正により、土壌汚染状況調査を行わなければならなくなりました。

解　説

1　2017年（平成29年）改正

第１編第１章第２の「２　2017年（平成29年）改正」で説明しましたが、これまで土壌汚染対策法3条1項ただし書により土壌汚染状況調査が猶予されていた土地において、新たに形質の変更を行う場合は、その形質変更の面積が900m²以上の場合は、原則として、土地の所有者等は、土地の形質の変更の場所及び着手予定日等を事前に都道府県知事に届け出なければならなくなりました（法3⑦、規21の4）。この場合、都道府県知事は、土地の所有者等に対し、指定調査機関に土壌汚染状況調査を行わせてその結果を報告させることにもなりました（法3⑧）。要するに、この場合は、それまで猶予されていた土壌汚染状況調査が、当該形質変更部分については猶予されず、調査が義務付けられるようになったわけです。

2　調査後の対応

この土壌汚染状況調査で濃度基準を超えた土壌汚染が判明した場合は、要措置区域又は形質変更時要届出区域のいずれかに指定されます（法6①・11①）。要措置区域は、健康被害のおそれがある場合で、近隣に飲用井戸があるような場合にそのおそれがあるとされます。この場合は、速やかな対策が義務付けられます（法7）。また、形質変更時要届出区域に指定された場合も、形質変更の前に所定の形質変更の種類、場所、施行方法及び着手予定日等を都道府県知事に届け出なければなりません（法12①）。

28　開発業者に売却する場合

過去に当社の工場で特定有害物質の使用をやめたのですが、引き続き工場として使用するということで土壌汚染対策法3条1項ただし書に従って土壌汚染調査を猶予されていました。この度、工場の操業を完全に終了し、工場建物を収去して更地にした上でマンション業者に売却したいと考えています。土壌汚染対策法上どのような手続をとる必要がありますか。

土壌汚染対策法3条1項の土壌汚染状況調査が同項ただし書で猶予されている場合は、その猶予が行われたときの土地の利用の方法を変更する場合は、都道府県知事に届け出なければならず、その変更後の土地利用から猶予の前提がなくなると判断される場合は、猶予を行った同条項の「確認」が取り消されます。その取消しがなされた場合、取消時点の土地所有者は、土壌汚染状況調査を行わなければなりません。

解　説

1　土壌汚染対策法3条1項ただし書

土壌汚染対策法で最も土壌汚染調査が必要と考えられた土地は、過去に水質汚濁防止法上の特定施設を設置して特定有害物質を使用していた土地でした。したがって、土壌汚染調査義務を定めた最初の条文である土壌汚染対策法3条1項において、その特定施設の使用を廃止した場合は土壌汚染調査をすべきことが規定されています。しかし、同項にはただし書があります。すなわち、「ただし、環境省令で定めるところにより、当該土地について予定されている利用の方法からみて土壌の特定有害物質による汚染により人の健康に係る被害が生ずるおそれがない旨の都道府県知事の確認を受けたときは、この限りでない。」とされました。この環境省令とは、土壌汚染対策法施行規則16条であり、そこでは同条3項で、確認を受けられる事情が1号から3号まで掲げられています。この1号は、「工場又は事業場（当該有害物質使用特定施設を設置していたもの又は当該工場若しくは事業場に係る事業に従事する者その他関係者以外の者が立ち入ることができないものに限る。）の敷地として利用されること。」というもので、この確認を受けられる代表的な事由です。ご質問の事案もこの土壌汚染対策法施行規則16条3項1号の事由があるとして、土壌汚染対策法3条1項ただし書の確認を得て、土壌汚染状況調査が猶予されたものと思われます。

2　土地の所有者等に交代がある場合

土壌汚染対策法3条1項ただし書で土壌汚染状況調査の猶予が行われた場合、例えば、工場の土地建物が譲渡され、譲受人が工場を継続して運営しているような場合は、土壌汚染対策法3条1項ただし書の確認を受けた土地所有者の地位は譲受人に承継され（規16④）、譲受人は、承継した旨を届け出なければなりません（規16⑤）。

3　土壌汚染対策法3条1項ただし書の確認された土地利用を変更する場合

ご質問の事案は、マンション業者に土地を譲渡することになりますので、従来の工場としての土地利用を継続することにはなりません。

したがって、土壌汚染対策法3条1項ただし書の確認された土地利用を変更する場合に該当しますので、その旨を届け出なければなりません（法3⑤）。

問題は、御社が届け出るのか、マンション業者が届け出るのかという問題です。工場建物を取り壊してマンション業者に土地所有権を移転する場合は、土地所有権移転前に明らかに土地利用が変更されるので、御社が届け出る必要があります。工場建物を土地と共にマンション業者に移転させ、その後にマンション業者が工場建物を取り壊す場合は、マンション業者が一旦御社の猶予された地位を引き受けるので、上記の土壌汚染対策法施行規則16条5項に従って、一旦、マンション業者が地位の承継を届け出て、その後、工場建物を取り壊す段階で、マンション業者が利用の変更を届け出るということになろうかと考えます。

工場利用からマンション建設用地に土地利用が変更された場合は、土壌汚染対策法3条1項ただし書の確認の前提が失われますので、確認が取り消されます（法3⑥）。その確認の地位が御社に残ったままであれば、御社が猶予されていた土壌汚染状況調査を行うことになります。確認の地位がマンション業者に承継されていた場合は、マンション業者が土壌汚染状況調査を行うべきことになります。

以上に述べたように、土地の譲渡に伴って土地利用が変更される場合は、譲渡人が土壌汚染状況調査を行わなければならないのか、それとも譲受人が行うべきものかの判断が微妙な場合がありますので注意が必要です。本来的には、譲渡人が事情を知っている以上、調査することが望ましいのですから、御社は、マンション業者に対して、この問題をよく説明して、事案に即して適切な処理が可能となるように、売買契約の中でこの取扱いを明確に定めることが必要です。

第４章　土地所有者の法的義務又は責任

29　汚染原因者ではない土地所有者の土壌汚染調査・対策義務

当社は、昭和60年代に、Ａ社の工場跡地を購入し、工場を数棟建設し、アルミの精錬事業を行っています。当社が土地を購入した後は、この土地でどのような事業を行っていたのかは明確に分かっていますし、この土地に廃水を垂れ流すとかの違法な行為は行っていませんので、この土地に土壌汚染があったとしても、原因者ではないと自信を持って言えるのですが、Ａ社がこの土地を使用していた時代は環境法規もないか、緩かった時代だと思いますので、この土地に土壌汚染がないとは言い切れません。土壌汚染対策法その他の法律で当社が土壌汚染の調査を義務付けられ、対策まで講じなければならない場合がありますか。

Ａ社が汚染原因者であることが明らかで、Ａ社が土壌汚染対策を行うだけの資力があれば、Ａ社を差し置いて御社が措置の指示や命令を受けることはありません。ただし、Ａ社が汚染原因者であるかどうかが不明であるとか、Ａ社が汚染原因者であることは明らかだけれども、既にＡ社が解散しているとか、Ａ社に対策を講じる資力もないといった場合は、御社が措置の指示や命令を受ける場合があります。いずれにしても、

御社の工場敷地が要措置区域に指定されることが大前提です。なお、土壌汚染調査義務は、汚染原因が誰にあるかということと無関係であり、御社が調査義務を負う場合があります。

解　説

1　土壌汚染調査義務

土壌汚染対策法上、土壌汚染調査義務が発生するのは、次の三つの場合です。

第1は、水質汚濁防止法上の特定施設の使用を廃止する場合で、土壌汚染対策法3条に規定する場合です。これは、特定施設の使用を廃止する土地の「所有者等」に調査義務が発生します。Q22で詳しく説明しましたが、土地の「所有者等」とは、土地の所有者、管理者又は占有者です（法3①）。特定施設設置者以外の者が土地の「所有者等」であれば、そのような「所有者等」に調査義務があります（法3①③）。御社が水質汚濁防止法上の特定施設設置者であって特定有害物質を扱っており、その特定施設の使用を廃止した場合（施設の使用をやめた場合だけでなく、特定有害物質の使用をやめることも含まれます。）、御社は土地の所有者ですから、この条文（法3①）に基づいて調査義務が発生します。ただし、土壌汚染対策法3条1項ただし書の要件が満たされれば、調査義務が猶予されることは、Q28で解説しました。

第2は、御社が敷地内で形質の変更を伴う工事を行う場合です。形質変更の面積が3,000m^{2}以上であれば、土壌汚染対策法4条により届け出る必要があり（法4①、規22）、都道府県知事が汚染のおそれがあると判断すれば、調査が命じられます（法4③）。2017年（平成29年）改正で、形質変更の届出と同時に自主調査結果を提出することができるようになりました（法4②）。この点はQ25で解説しました。なお、土壌汚染対策法3条1項ただし書で調査を猶予されている土地について900m²以上の形質変更をする場合は、調査を命じられることは、Q27で解説したとおりです（法3⑦⑧、規21の4）。

第3は、土壌汚染により健康被害のおそれがある場合に、土地の「所有者等」に対して調査命令が出される場合で、土壌汚染対策法5条に規定する場合です。もっとも、同法5条の調査命令は過去にほとんど出されていません。環境省の発表によると、同法5条により調査命令が出た件数は、2015年（平成27年）度末まで累計でわずか7件のようです。よほど深刻な地下水汚染があり、放置すれば近隣の井戸水飲用者に被害が発生しかねないという事態でなければ、事実上、この命令を受ける可能性はないと思われます。ただし、極めてレアケースでしょうが、御社の土地が同法5条の調査命令を受けるに足りる汚染を内包していれば、同調査命令を受け、調査結果によっては次に説明する土壌汚染対策義務も負いかねませんので、注意が必要です。

2　土壌汚染対策義務

土壌汚染対策の指示や命令が出るのは要措置区域だけです。ここでも、指示や命令の相手方は、土地の「所有者等」ですが、「所有者等」以外の者が土壌汚染の原因者であることが明らかでその原因者に対策を講じさせることが相当であれば、原因者に指示や命令を出すべきものとされています（法7①ただし書）。

したがって、御社が判明した土壌汚染の原因者でなく、A社が汚染原因者であることが明らかな場合、A社に措置の指示や命令が出るのが本来ですが、A社が解散しているなどA社に指示や命令を出すことが相当ではない場合は、Ａ社に指示や命令を出すことができません。そこで、そのような場合は、現在の土地の「所有者等」である御社に措置の指示や命令が出ます。なお、Ａ社に指示や命令を出すことが相当ではない場合については、Ｑ42も参照してください。

３　改正民法における相違点

以上に述べたことは改正民法の下でも変わりません。

30　自主調査で判明した土壌汚染の地方自治体への報告義務の有無

当社は歴史ある重電メーカーで、日本各地に大きな工場を持っています。この度、会社の方針として、日本の各地の工場敷地につき土壌汚染調査を行うことにしました。その結果、指定基準を超過した土壌汚染が判明した場合、調査結果を当該土地が所在する地方自治体に報告する義務はありますか。

法律上報告義務はありません。ただ、自主的に申告して、要措置区域又は形質変更時要届出区域に指定してもらうことは可能です。なお、例外的に条例で報告義務を課している場合もあります。例外的ですが、注意が必要です。

解　説

1　土壌汚染対策法における自主調査の取扱い

土壌汚染対策法では自主的な土壌汚染調査で土壌汚染が判明しても、それを地方公共団体に報告すべき義務は課されていません。その意味では、自主的な土壌汚染調査で判明した土壌汚染は野放しともいえます。ただし、自主調査で判明した土壌汚染について自主的に報告することもできます（法14①）。

自主調査で判明した土壌汚染について自主的に報告する動機としては、濃度基準を超えた汚染は判明したものの、健康被害のおそれがないという土地であることを一般に知らせるために、形質変更時要届出区域に指定してもらいたいという動機があります。つまり、要措置区域ではなく形質変更時要届出区域にすぎないために、今後、開発する場合は別として、そのまま放置することが許される土地であることを一般に知らせたいという動機です。「あそこの土地では土壌汚染が見つかったみたいだ。」といった情報が広がるのでは、周囲に不安を与えかねないからです。

自主的に報告して、要措置区域又は形質変更時要届出区域に指定してもらうためには、調査自体が土壌汚染対策法で定めている基準による必要があります（法14③）。

2　自主調査の結果報告を義務付ける条例

名古屋市のように自主的な土壌汚染調査でも土壌汚染が判明したならば、その結果を報告すべきことを条例で定めている場合があります。このような条例はかなり例外的ですが、所在地の都道府県又は市町村で、このように自主調査についても報告義務を課していないか調査が必要です。名古屋市の環境確保条例については、第1編第1章第3の「2　名古屋市の環境確保条例」で紹介しています。

3　改正民法における相違点

以上に述べたことは改正民法の下でも変わりません。

31　自主調査で判明した土壌汚染を公表しないことの法的責任

当社が売却を予定していた工場跡地から深刻な土壌汚染が判明しました。経営陣から、公表しなくてよいのか、法的義務の有無を至急調べろと言われています。公表しないことで法的責任を問われることはありますでしょうか。

法律上、公表は義務付けられていません。公表しないことで法的責任を問われることもありません。また、名古屋市のように特別の条例でもない限り、行政当局への報告も義務付けられていません。売却を断念するしかないほど汚染の除去等に費用がかかる場合は、売却しない場合の対応を検討する必要があります。近隣に影響を及ぼしかねない汚染であれば、汚染の内容にもよりますが、行政当局に対応を相談することが賢明な場合も少なくないと思われます。自主調査で判明した汚染であれば、土壌汚染対策法上、対策を義務付けられることはありません。ただし、自主的に行政当局に自主調査結果を報告して対応することも検討してください。

解　説

1　土壌汚染対策法と自主調査

土壌汚染対策法は、同法で義務付けられていない土壌汚染調査、すなわち任意の調査で土壌汚染が判明しても、そのような土壌汚染には関知しません。したがって、自主調査で汚染が判明しても、行政当局に報告する義務もなければ、その調査結果を公表することも義務付けられてはいません。ただし、**第１編第１章第３の「２　名古屋市の環境確保条例」**で解説した名古屋市のように、例外的に自主調査の結果土壌汚染が判明した場合に行政当局に報告することを義務付ける条例を定めている地方公共団体もありますので、条例には注意してください。

２　自主調査の結果を行政当局に報告する意味

濃度基準を超過した土地ではあっても、当該土地が要措置区域ではなく形質変更時要届出区域にとどまるべき場合は、自主調査結果を行政当局に自主的に申告すること（法14①）が賢明である場合も多いと思われます。要措置区域も形質変更時要届出区域も環境省のウェブサイトに公表されます。公表されることで、汚染がある土地であることは一般に知られるのですが、形質変更時要届出区域に指定されるということは、直ちに対策を講じる必要がないことのお墨付きをもらったことを世間の人に知ってもらえることにもなるからです。

なお、要措置区域に指定されるべき土壌汚染を抱えた土地につき、何の対策もせずに、行政当局にも報告せずに隠し続ける場合は、その結果、誰かの健康被害につながりかねない状況を続けていることになり、現実に被害が発生した場合はいうまでもなく、被害が発生しなくとも、公表しなかったということが判明した場合に、御社の隠ぺい体質が明らかになり、御社の企業価値が著しく損なわれるリスクがあります。したがって、要措置区域に該当すべきか否か判然としない場合は、行政当局に相談することが賢明である場合が少なくないと思われます。

32　特定有害物質を含む廃棄物の不法投棄地の所有者の法的責任

当社は、東北地方に広大な山林の土地を所有しています。ところが、最近になって分かったのですが、大きくくぼんだ土地に大量の廃棄物が不法投棄されていました。調べてみると、特定有害物質も含んでいるようで、土壌汚染も懸念されます。今後どのようにすべきか途方に暮れています。どうすればよいかご助言ください。

法的責任としては、これまでの土地の管理がずさんであり、過去に不法投棄の噂等がありながら、御社が何らの対応もしていなかったような場合に生じ得ます。すなわち、誰かがそのために健康被害を受けたような場合は、御社の不作為が被害者との関係で不法行為と評価される場合があると考えます。しかし、御社が不法投棄を知らず、また、知らないこともやむを得ない場合は、危険の発生を防止する作為義務は認定し得ないので、不法行為責任は発生しません。ただし、その不法投棄が原因で御社の土地から特定有害物質が地下水を汚染し、地下水を通じて河川の水まで汚染するなど、健康被害を生じさせるおそれがあるような場合は、御社の当該汚染土地が土壌汚染対策法の要措置区域に指定され、不法投棄した者が不明であるとして、御社に措置の指示や命令が出る場合もあり得ます。非常にレアケースでしょうが、ご留意ください。

解　説

1　不法行為責任

広大な山林を所有している場合、山林の価値が長年低迷していることから、管理にコストをかけることはしばしば経済合理性がないという事情があります。しかし、土地を所有している以上、その管理がおろそかで、その結果、誰かの生命身体財産が損なわれるようなことがあってはなりません。御社が所有している以上、国や地方公共団体、私人が御社の所有物の管理を是正することは、よほどの差し迫った事情がない限り不可能であって、御社の所有物から生じる危険を防止できるのは御社しかいない場合が多いからです。しかしながら、どの程度の管理を行っていれば、管理責任を問われないかを一般的に議論することは困難です。ケースによって事情が様々に異なるからです。広大な山林のように、日頃から十分な管理が困難な土地については、所有者の管理責任をあまりに厳しく問うことは非現実的です。しかしながら、不法投棄が行われているという噂がありながら、これを放置し続ける場合は、不法投棄が行われているのか否か確認したのか、どのようなものが行われているか確認したのか、行われないために何らかの防止策を行ったのかといったことが、後日問題になることがあると考えます。特に、有害物質が流れ出し、第三者の生命身体が害されたという深刻な事態が発生した場合は、御社の危険発生防止義務が認定され、何もしなかったことが不作為の不法行為責任を構成すると判断されることがあると考えます。

2　廃棄物処理法

廃棄物処理法5条では、土地建物に関し、清潔に保つべきことを規定しています。

すなわち、同条1項では、「土地又は建物の占有者（占有者がない場合には、管理者とする。以下同じ。）は、その占有し、又は管理する土地又は建物の清潔を保つように努めなければならない。」としています。また、同条2項は、「土地の所有者又は占有者は、その所有し、又は占有し、若しくは管理する土地において、他の者によって不適正に処理された廃棄物と認められるものを発見したときは、速やかに、その旨を都道府県知事又は市町村長に通報するように努めなければならない。」とあります。これらは努力規定ですので、努力義務を果たしていないとしても、直ちに何らかの法的効果が廃棄物処理法に基づき発生するものではありません。しかし、努力義務を果たしていなかったために、実際に第三者の生命身体財産が害されたという場合は、これらの規定は、上記１の民法上の不法行為責任を根拠付ける一つの理由にはなり得ます。したがって、御社においては、少なくとも不法投棄があったことを知り、御社が自ら対処することに躊躇を覚える場合は、廃棄物処理法5条2項に従って、都道府県知事又は市町村長に通報することが賢明です。

３　土壌汚染対策法

御社の土地において不法に投棄された廃棄物に特定有害物質が混入しており、それが地下水を汚染し、更に河川の水を汚染したような場合、御社の土地が土壌汚染対策法上の要措置区域に指定され、御社が都道府県知事から措置の指示や命令を受けることがあります。すなわち、以下の理由からです。

河川の水が特定有害物質で汚染されていることが判明したとします。よく調査すると、どうも御社の土地から特定有害物質が流れ出し、地下水を通じて河川の水を汚染しているようだという状況だったとします。その場合、都道府県知事は、御社に対して、土壌汚染調査を命じることができます。土壌汚染対策法5条には、土壌汚染による健康被害が生ずるおそれがある土地の調査命令が規定されているのですが、同条1項にいう「政令」とは同法施行令3条のことであり、同条1号イに該当するからです。同号イの「当該土地又はその周辺の土地にある地下水の利用状況その他の状況が環境省令で定める要件に該当すること」とある「環境省令」とは、土壌汚染対策法施行規則30条のことで、その4号に、環境基準が確保されない水質の汚濁が生じ、又は生ずることが確実である「公共用水域の地点」が、地下水汚染が拡大するおそれがあると認められる区域にあれば、この要件を満たし、ここでいう「公共用水域」に河川も含まれるからです。この土壌汚染対策法5条の調査命令は、土地の所有者等に命じられますので、御社が対象になります。

この調査結果により、御社の土地に土壌汚染が判明すれば、上記のとおり、土壌汚染対策法施行規則30条4号に該当するという前提では、健康被害のおそれがある土地として（土壌汚染対策法6条1項の1号及び2号の要件が満たされることから）、要措置区域に指定されます（法6①）。要措置区域に指定されれば、原因者が判明しなければ、御社が措置の指示や命令を受けることになります（法7①）。

33　所有者不明地の土壌汚染

県の土壌汚染担当の職員ですが、お尋ねします。実は、我が県のある山林の一部に広範囲にわたって廃棄物が不法投棄されています。特定有害物質を含んでおり、水源近くなので、早急に対処しないといけないのですが、実は、その土地はAが所有する土地に含まれるのかBが所有する土地に含まれるのか判然としません。また、いずれも土地登記簿の名義人は明治時代から変更されていません。したがって、現在の土地所有者も判然としません。どう対応すべきでしょうか。

難しい問題ですが、まず、当該土地が誰の土地でありそうかを調べる努力を行う必要があります。実は、少なからぬ山林が境界不明又は所有者不明です。そのため、この調査には困難を伴うことが少なくありません。そのため、この問題を打開するために、2016年（平成28年）の森林法改正で各市町村は林地台帳及び林地台帳地図の作成が義務付けられました。この林地台帳及び林地台帳地図によって、可能な限り、どの地番の土地なのか、また、誰が現に所有しているのかを判断して、対応するしかないと考えます。まだ林地台帳及び林地台帳地図の整備が進んでいない地域も多いと思われますが、林地の境界や所有者について最も豊富な情報を有しているのは、市町村の林野行政の担当者と思われますので、それらの担当者と緊密な連絡を取っ

て、境界と現に所有している者を判断して、進むしかないと考えます。後日、その判断に誤りがあることが判明しても、以上の注意を尽くした上の判断であれば、過失責任を問われることはないと考えます。むしろ、手をこまねいて水源に汚染水が広がることの方が行政責任を問われます。なお、現に所有している者を結局確知できず、放置することが著しく公益に反する場合は、土壌汚染対策法によって、都道府県知事が自ら土壌汚染の調査を行い、必要な措置をとることができます。この場合、これに要した費用は土地所有者の負担となりますので、後日、土地の所有者が判明すれば、都道府県知事は、土地の所有者に対してその費用の請求ができます。

解　説

1　林地台帳・林地台帳地図

林地にあっては、少なからぬ土地において、地番ごとの境界が判然とせず、また、土地登記簿の所有者名義人が死亡者名で放置されています。これは、林地が放置されている所で顕著です。土地の地番ごとの境界は筆界と呼ばれています。土地登記簿が土地所有権を公示するものである以上、法務局には、この筆界を示す地図（不動産登記法14条の地図ですので、「14条地図」と呼ばれます。）が備わっているべきですが、備わっていない所が多いのが現状です。14条地図が備わっていないところでは、公図（「地図」に準ずる図面として不動産登記法14条4項に規定されています。）しか備わっていません。公図には現地復元性がなく、精粗様々です。そのため、14条地図が備わっていない地番の土地は筆界が判然とせず、都市部であっても、隣地との境界紛争がないことを確認することを主な目的として、土地取引ごとに境界確認が繰り返されるという不毛な作業が行われているわけです。土地の経済的価値が乏しい林地では、過去に国土調査法により地籍調査が行われて14条地図が整備された所を除くと、この筆界不明の問題は一層深刻さを増しています。筆界を認識している人々の老齢化により、現地で筆界を画する指標を指し示せる者も年々少なくなるからです。

また、林地で特に顕著ですが、土地登記簿の名義人が死亡しても相続登記がされず放置されている場合が多く、その法定相続人を調査するだけで膨大な手間とコストを必要とする土地が年々増えています。時には、法定相続人を追うことが事実上不可能なケースもあります。

このように、境界不明、所有者不明の土地が増えていく現状では、行政上もまた民事上も様々な不都合を来します。例えば、日本の林地では路網の整備が進んでいないために、山林から伐採した材木を麓まで運び出すことが容易ではなく、コストもかかります。しかし、路網を整備しようとすると、その用地に当たる土地が誰のものであるかが明確でなければなりません。そこが不明確であれば、間違った場合に、その用地の所有者と紛争が起きるからです。これは一例ですが、山林の適切な管理のためには、境界と所有者が明らかでなければならないのです。しかし、年々、その不明さは度を増しているのが現実です。

そこで、森林法が改正され、2016年（平成28年）の森林法改正で、各市町村は、林地台帳及び林地台帳地図の作成を義務付けられました（森林法191の4・191の5②）。これは、あくまでも林野行政のためのものですので、公示されてはいないのですが、一定の利害関係人は閲覧ができます。この林地台帳の大きな特徴は、「登記上の所有者」とは別に

「現に所有している者、所有者とみなされる者」を書く欄が設けられていることで、要するに、土地登記簿とは別ルートで土地所有者の判断を公的に行っている点です。そこまでしなければならないほど、山林の土地登記簿は権利の公示機能を失っているといえます。また、林地台帳地図も地番ごとの境界は必ずしも明らかにできなくともよい、どの「小班」に含まれる土地か分かればよいという程度で妥協している点が特徴的です。要するに可能な限度で、境界や所有者を明らかにしようとする努力が行われており、それらが境界の確定や所有者の確定という効果をもたらすわけではないものの、行政当局が持つ認識を明らかにして、境界不明や土地所有者不明からの混乱を可能な限度で食い止めようとするものです（林地台帳及び林地台帳地図については、小澤英明ほか「林地台帳の法的性格について」（自治研究94巻6号83頁以下）参照）。

2　土壌汚染調査・対策

以上に説明しました林地台帳及び林地台帳地図が、境界及び所有者を知る最も有力な手段となると考えますが、まだ十分には整備されていないと思われますので、未整備の土地については、市町村の林野行政担当者にヒアリングするという手順を踏んで、境界と所有者に関する情報を収集する必要があります。しかし、収集した情報によっても、境界や所有者の判断ができない場合は、所有者不明の土地として、対応を考える必要があります。

土壌汚染対策法5条2項では、都道府県知事が過失なくして土壌汚染の調査を命じるべき土地の所有者等を確知できない場合は、「これを放置することが著しく公益に反すると認められるときは」、土地の所有者等の負担で、自ら調査をできると定めています。また、土壌汚染対策法7条10項では、調査の結果、要措置区域に指定すべき場合、過失なくして措置の指示をすべき土地の所有者等を確知できない場合は、「これを放置することが著しく公益に反すると認められるときは」、土地の所有者等の負担で、指示措置を自ら講じることができるとしています。

林地台帳等からの情報や市町村の林野行政当局からのヒアリングからも、境界や土地の所有者を判断できない場合は、過失なく土地の所有者等を確知できないとして、これらの条文に従って、必要な土壌汚染の調査と対策を早急に進める必要があります。

34　近隣住民からの土壌汚染調査要求があった場合の法的責任

下流の地下水利用者から、地下水汚染の基準を超えた汚染が見られるということで、当社に対して、土壌汚染調査の要求がありました。当社としては濡れ衣で心外極まりないのですが、執拗に要求してきて困っています。放置した場合の法的リスクを教えてください。

下流の地下水利用者の地下水汚染のデータによる特定有害物質が御社の土地でも過去に使用されている場合は、安易に濡れ衣と判断しない方が賢明です。下流域に流れてゆく御社の土地の地下の地下水の汚染状況を確認してみることが賢明です。汚染がある場合は、御社の土地からの汚染か、それとも上流の地下水汚染なのかを判断する必要がありますが、御社の土地からの汚染ではないということを明確にするには、御社の土地の土壌汚染の有無を判断する必要があると思われます。もし、御社の土地の地下の地下水に汚染がありながら、御社が御社の土地の土壌汚染を調査しない場合は、将来的に、下流の地下水汚染が御社の土地の土壌汚染によることが明らかになった場合、下流の地下水汚染の拡大につき、御社は土壌汚染の原因者でなくとも、不作為の不法行為責任が生じる可能性があります。また、下流の地下水利用者が地下水を飲用に利用

していている場合は、土壌汚染対策法により、御社が土壌汚染調査を命じられ、措置の指示や命令を受ける可能性があります。

解　説

1　下流の地下水汚染の原因

下流の地下水汚染の特定有害物質が御社の土地でも過去に使用されている場合は、御社の土地の土壌汚染が御社の土地の直下の地下水を汚染し、その汚染が広く下流の地下水汚染に拡大した場合があり得ます。その場合、御社の土地の土壌汚染に無関心であってはいけません。それは以下の理由からです。

2　御社が汚染原因者である場合

御社の過去の行為が御社の土地の土壌汚染をもたらし、地下水汚染をもたらしている場合を考えてみます。その土壌汚染行為が、水質汚濁防止法違反や廃棄物処理法違反という行政法規違反の違法行為であれば、御社は、下流の地下水汚染で損害を被る人々に対して不法行為責任を負うことがあります。なお、行政法規違反でなくとも、下流の地下水汚染で生じる被害について、御社に予見可能性があった場合は、これまた、御社は、下流の地下水汚染で損害を被る人々に対して不法行為責任を負います。

3　御社が汚染原因者ではない場合

御社が、この土地を前主から購入しており、土壌汚染行為が前主による場合、御社は、土壌汚染行為を理由として下流の地下水汚染で損害を被る人々に対して不法行為責任を負うことはありませんが、下流の地下水汚染を理由として土壌汚染調査を求められたにもかかわらず、放置したことで下流の地下水汚染が拡大した部分について、不作為の不法行為責任を問われる可能性があります。というのは、御社の土地の土壌汚染による地下水汚染を防止するには、御社の土地の土壌汚染の状況を調査し、適切な措置をする必要があり、御社以外に適切に対応できる者はいないため、状況によっては、調査対策の作為義務を認められる可能性があるからです。

４　土壌汚染対策法の調査命令・措置の指示や命令

下流の地下水利用者が地下水を飲用に利用しているような場合は、土壌汚染対策法5条により、都道府県知事から御社に対して調査命令が出ることがあります。調査の上、土壌汚染が判明すれば、土壌汚染対策法7条の要措置区域に指定され、御社に対して、措置の指示や命令が出ることがあります。もっとも、原因者が第三者で、その原因者が適切な措置を講じることが可能な場合は、措置の指示や命令は、原則として、その原因者に対して発せられます（法7①ただし書）。

第５章　土壌汚染とM＆A

35　買収した会社の過去の排煙による土壌汚染

当社はＡ社を数年前に買収し、子会社としています。ところが、先日、Ａ社工場の近くの土地所有者であるＢ社から、Ａ社の排煙が原因でＢ社の土地に鉛による土壌汚染が判明したと言われました。そもそもＡ社もＢ社も同じ工場団地の中にあって、鉛の排煙はＡ社以外にもいくつもあって、Ａ社だけが狙われる理由も納得できませんし、排煙で土壌汚染になったのかとの疑問もあるのですが、仮に、Ａ社工場の排煙が原因でＢ社の土地を汚染していたとすれば、Ａ社が何らかの法的責任を負うことがありますか。

Ａ社の排煙に原因があって、Ｂ社の土地に鉛汚染が見られる場合は、その排煙によりその鉛による土壌汚染が予見可能だったと判断されれば、不法行為が成立し得ると考えます。もっとも、排煙中の鉛がＢ社の土地に降り注いだからといって、損害と評価できたかは、時期や程度や地域により判断が分かれ、一概にいうことはできません。損害とは評価できないとして、不法行為責任が成立しないこともあります。しかし、いずれにしても、不法行為責任は行為時から20年で除斥期間が経過しますので、20年経過していれば、不法行為責任を問われません。なお、Ｂ社の土地が要措置区域

に指定されるようなことになると、A社は原因者として措置の指示や命令を受けることがあります。

解　説

1　原因行為の特定

土壌汚染が広く注目されだしたのは土壌汚染対策法が制定された2002年（平成14年）以降といえますので、それ以前に発生した土壌汚染は原因もよく分からない場合が多いと思われます。B社の土地も工場団地にあり、他にいくつも排煙に鉛を含んでいた工場があれば、A社の排煙が原因であるかがまず問題になりますし、そもそも排煙が原因なのかも問題になります。以下は、A社が原因であるという前提で検討します。

2　不法行為責任

大気汚染防止法が制定されたのは1968年（昭和43年）であり、以後、大気汚染防止の規制が徐々に厳しくなっていきました。同法制定前は、ばい煙規制法があったものの、規制は緩いものでした。鉛が排煙に含まれて広く近隣の土地に降り注いだとしても、その時期やその程度やその地域に応じて、それが不法行為なのかは判断が異なると思われます。一般的にいえば、排煙により近隣の土地に鉛による土壌汚染をもたらすことが予見できたかにより判断すべきことになります。これは、その排出時の様々な状況を考慮すべきでしょうから一概にはいえませんが、大気汚染防止法の有害物質（鉛も入ります（大気汚染2①三)。）の排出基準を超えた排出をしていたのであれば、その排出は禁じられるのですから、原則として過失もあるだろうと考えます。問題は、B社の土地に鉛という有害物質がうっすらと降ったという状況をB社の土地の損害といえるのかという点です。土壌汚染対策法制定以前は、土壌にどれだけ有害物質が含まれれば、土地を毀損するといえるかは定まった見解もなかったといえます。1991年（平成3年）には土壌の汚染に係る環境基準について（平3・8・23環境告46）は制定されていますが、その基準を超えた土壌汚染の存在が直ちに土地の毀損ともいえない状況であったように思われます。損害と評価できなければ、不法行為を問うこともできません。しかし、土壌汚染対策法が制定された2002年（平成14年）以降は明らかに同法で規定された濃度基準以上の汚染は市場では忌避されていますので、濃度基準を超えた汚染の発生は損害と考えます。

なお、不法行為責任（民709）は、行為時から20年経過すれば除斥期間が経過してしまいますので（民724）、古い排出行為による汚染は、この除斥期間の経過で不法行為責任を問うことが難しくなります。

3　要措置区域

B社の土地も土壌汚染対策法による土壌汚染状況調査（同法3条1項による水質汚濁防止法の特定施設の使用の廃止に伴う調査、同法4条による大規模な形質変更に伴う調査等）で基準以上の鉛が判明すると、要措置区域や形質変更時要届出区域に指定されることがあります。その場合、A社の排煙が原因であると判断された場合、要措置区域の場合は、A社に措置の指示や命令が出ることがあります（法7）。ただし、要措置区域に指定されるには、健康被害のおそれがあることが必要です（法6①二）。

36　買収した会社のタンクからの過去のガソリン漏れによる土壌汚染

当社はＡ社を今から20年ほど前に買収し、子会社としています。Ａ社の事業にはガソリンスタンド事業がありますが、Ａ社がガソリンスタンド事業を縮小すべく、ガソリンスタンド設備を取り壊し、土地を売却する計画を進めたところ、多くの土地で地下のタンクからガソリンが漏れて、隣地に広がっていることが判明しました。隣地所有者から損害賠償請求をされれば、Ａ社は支払う義務がありますか。

賠償責任は免れないと考えます。

解　説

1　土地工作物責任

ガソリンタンクに亀裂が入り、ガソリンが漏れて隣地に広がる場合は、タンクの亀裂が土地工作物の保存の瑕疵として、その結果他人に損害を与えれば損害賠償責任が発生すると考えられます。

民法717条の土地工作物責任にいう「土地工作物」とは、土地に接着して人工的作業等をなしたことによって成立したものとかつての大審院判決（大判昭3・6・7民集7・443）で定義され、その後も弾力的に解釈されています。ガソリンスタンドのガソリンタンクがこの定義に入ることは疑いがありません。また、土地工作物責任は、土地工作物の設置又は保存の瑕疵によって他人に損害を与えた場合に発生します（民717①)。「設置又は保存の瑕疵」のうち、「瑕疵」の意味については、一般に、工作物が通常（あるいは本来）有すべき（安全性に関する）性状又は設備を欠くことと解されています（以上につき、四宮和夫「不法行為」『現代法律学全集10－ⅱ』731～733頁（青林書院、1987）参照)。ガソリンタンクに亀裂が入ってガソリンが漏れて広がることは、ガソリンに含まれるベンゼンという特定有害物質による土壌汚染を生じさせるので、「瑕疵」と考えることに異論はないと考えます。なお、設置に瑕疵があるとは、当初から瑕疵があること、保存に瑕疵があるとは、工作物が維持・管理されている間に瑕疵を生ずるに至ったことをいうと解されています。当初はいくら問題ないタンクでも経年劣化してヒビが入ったのでは、この保存の瑕疵に当たります。隣地の土壌汚染は、隣地という他人の財物を毀損する行為なので、土地工作物責任として賠償すべき損害といえます。

２　損害の発生時期

ガソリンタンクの亀裂からのガソリン漏れがいつからなのかを判断することは難しいと思います。既に20年以上前に現在のガソリン漏れと同様のガソリン漏れが始まっていても、ガソリン漏れが最近まで続いていたのであれば、除斥期間（民724）経過前の汚染と経過後の汚染で切り分ける議論は困難だろうと考えます。

37　買収した会社の過去の廃棄物処分による土壌汚染

当社はA社を数年前に買収し、子会社としています。A社は、1965年（昭和40年）以前に自社工場で発生した廃棄物の処理をB社等数社に依頼して処理していたことがあるようです。その廃棄物の中に特定有害物質が含まれていた可能性があります。どこに廃棄されていたかも分からないのですが、A社は汚染原因者として損害賠償責任を負うことはありますか。

A社が汚染原因者として取り扱われることはないと考えます。

解　説

1　事業者の廃棄物処理責任

産業廃棄物については、事業者の自己責任が原則とされています（廃棄物11①・3①）。ただし、事業者が処理費用を負担して処理自体を他人に委託することは認められています（廃棄物12③）。2000年（平成12年）までは、廃棄物処理法は、排出事業者が第三者に適法に委託した場合、受託者の違法な廃棄物処理について委託者は責任を免れるとしていましたが、同年の改正により、産業廃棄物について処理基準に適合しない処分が行われた場合には、都道府県知事は、①処分を行った者、②委託基準に適合しない委託を行った者、③産業廃棄物管理票（マニフェスト）に係る義務に違反した者、④以上の①ないし③に対して不適正処分・違反行為を要求し、助けるなどの関与を行った者を措置命令の対象とし（廃棄物19の5）、⑤不適正処分を行った者等に資力がない場合で、かつ、排出事業者が処理に関し、適正な対価を負担していないとき、又は不適正処分が行われることを知り若しくは知ることができた等の場合には、排出事業者も措置命令の対象としました（廃棄物19の6）。措置命令とは、処理基準に適合しないことによって発生した支障の除去又は発生の防止のために必要な措置を命ずるもので、いわゆる原状回復等の命令が該当すると解されています（以上につき、大塚直『環境法〔第3版〕』482頁（有斐閣、2010）参照）。したがって、今や、特に、上記⑤の要件に該当する場合、排出事業者の責任は極めて重いものになります。

ご質問の事案は、廃棄物処理法が制定された1970年（昭和45年）よりも前の時代で、以上に述べたような事業者の廃棄物処理責任が社会的に求められるよりはるかに前のことです。したがって、廃棄物処理法の適用がないだけでなく、事業者の廃棄物の処理は、それが第三者に損害を与えない限り、問題にもされなかった時代の行為といえます。

2　土壌汚染対策法の土壌汚染の原因行為

土壌汚染対策法は、要措置区域に指定された土地については、現在の土地の所有者等とは土壌汚染の原因者が別に存在し、その原因者に措置の指示や命令を出すことが相当な場合に、原因者に出すべきことを規定しています（法7①ただし書）。正確には、その者の「行為によって当該土地の土壌の特定有害物質による汚染が生じたことが明らかな場合」とあります。ご質問の事案は、特定有害物質が含まれていた可能性がある廃棄物を処理業者に依頼したにとどまり、土壌汚染行為を自ら行ったと判断できる事情が存在しません。したがって、A社が汚染原因者として取り扱われることはないと考えます。上記の廃棄物処理法の最新の規定ですら、排出事業者を処理業者と同視して、原状回復命令等の命令が行われるのは、処理業者に委託した事業者が、処理業者の行う処理が処理基準に反することを知り又は知り得る場合であることが最低限要求されていると解されます（廃棄物19の6①二）。そのような事情がない状況で、Ａ社のＢ社らへの処理の委託行為が処理業者の行為と同視される可能性はないと考えます。

38　買収した会社が過去に売却した土壌汚染土地に関する責任

当社はＡ社を数年前に買収し、子会社としています。Ａ社は、重工業のプラントを全国に持っており、ロケーションの良い土地は20年ほど前から売却してきた過去があります。そのように売却した土地から将来土壌汚染が判明した場合、Ａ社は土壌汚染原因者として責任を負うことがありますか。

Ａ社は土壌汚染原因者として責任を負うことがあります。

解　説

1　論点の整理

Ａ社がＢ社に汚染土地を売買したことにより、隠れた瑕疵（改正民法の下では契約不適合）として、Ａ社がＢ社から売主責任を問われたり、信義則上の説明義務違反を問われたりすることがあることは、既に詳しくご説明したとおりです（Ｑ２・Ｑ８参照)。

ここでは、そのような契約を理由として法的責任を負う場合ではなく、契約から離れて法的責任を負うことがあるのかという問題を扱います。あり得るのは、不法行為責任と土壌汚染対策法上の法的責任の二つです。

２ 不法行為責任

(1) 汚染土地の流通

まず、健康被害をもたらしかねない土壌汚染のある土地について健康被害防止の対策を講じることなく流通させた者が、その結果、何らかの者に、健康被害をもたらしたり、又は健康被害を防止する対策を講じるコストを支出させたりした場合に、法的責任を負うことがあるのかを検討します。

汚染土地を所有しているだけでも、汚染が他へ拡散すれば、他の土地を毀損しますので、汚染土地の所有自体が不法行為を根拠付けないかをまず検討します。所有者が原因者であれば、汚染の拡散を防止しないことが不作為による不法行為と解されます。しかし、所有者が原因者でなければ、土地工作物責任を別にすると、不法行為責任を負うことは一般的にはないように思われます。ただし、近隣の住民等、他人から何らかの理由に基づいて土壌汚染の調査を求められている状況では、原因者ではない所有者にも調査対策という作為義務が課され、調査対策を行わないことが不法行為を構成する可能性はあるように思われます。この点についてはQ34も参照してください。

汚染土地を流通させることで、第三者が健康を害したり、健康被害を防止するため費用の支出を強いられたりした場合は、汚染土地を流通させたこととこのような損害との間に因果関係があり、流通させた者がその損害を予見できた場合は、流通させた者がその損害に対して賠償責任を負うと考えます。通常、原因者でもない所有者には、その予見可能性がないと思いますが､汚染の調査結果を知っている場合等、例外はあると考えます。

(2) 汚染不告知と汚染土地の流通

Ａ社の土地売却が土壌汚染対策法の制定以後で、汚染土地が一般に忌避されている中で行われたような場合、別の問題が発生し得ます。すなわち、土壌汚染があることを知らせずにＢ社に土地を売却し、Ｂ社は汚染を知らずにＣ社に売却し、Ｃ社が高値づかみをしたという場合、Ａ社が土壌汚染を知らせずにＢ社に売却したことがＣ社との関係でも不法行為にならないかという論点があります。

これは、汚染土地を流通させることを健康被害との関係で不法行為として捉えるという問題とは別に、汚染土地であることを告げないで汚染土地を流通させることを汚染土地の取得との関係で不法行為として捉えるものです。

ちょうど、骨董品が贋作であると分かっている者が、贋作と言わずに骨董品を流通させ、高値で購入した転得者から高値で購入したことによる損害について賠償請求をされた場合に賠償責任があるのかという問題と似たような問題がここにあります。したがって、損害額についてはどこまでが予見可能だったかの問題がありますが、責任が生じる可能性はあると考えます。この場合は、原因者かどうかではなく、汚染を知っているのに告げずに流通させたことを問題にします。ただし、一般に、売主が瑕疵を開示する義務があるとまではいえないという反論も当然に予想されます。あくまでも売主に信義則上の説明義務違反がある場合に限るべきかもしれませんが、裁判例の蓄積が待たれます。

３　土壌汚染対策法上の責任

当該土地が要措置区域に指定されれば、Ａ社が原因者として都道府県知事から措置の指示又は命令を受ける立場にありますので、土壌汚染対策法上の責任を負います（法7①ただし書）。なお、Ａ社がＢ社に土地を売却するに当たって、土壌汚染があることを明示し、土壌汚染を理由として、例えば、本来10億円の土地につき、対策費2億円を減額した8億円で売却した場合に、A社に土壌汚染の原因者として措置の指示や命令が出るのかという問題があります。これについては、Aが原因者ではあっても、A社が対策費を負担したものとして、措置の指示や命令を出すことは相当ではないとするのが現在の環境省の見解です（平成31年通知）。ただし、B社がC社に売却した後はどうかという問題もあります。この点についてはQ42を参照してください。

39　会社分割と土壌汚染

当社はかねてから電気機器を製造していましたが、20年ほど前から高齢者のヘルスケア事業を始め、同事業が順調なものですから、会社分割して新設する会社に電気機器製造業を移行させ、工場の土地建物も全て取得させたいと考えています。将来的にその土地で土壌汚染が判明して新設会社だけでは対応できない場合に、当社が責任を負うことがありますか。

現時点で御社が第三者に対して不法行為責任を負う場合は、御社も不法行為責任を負います。現時点では、第三者に被害が発生していない場合、今後発生する第三者の被害について御社が不法行為責任を負うのかは、御社が現時点でそのような被害の発生を防止するために何らかの対策を講じる作為義務があるかどうかによります。作為義務があると判断されれば、現時点で対策を講じないこと自体が不作為の不法行為として、御社が不法行為責任を負うと考えます。作為義務がないと判断されれば、御社は不法行為責任を負わないと考えます。なお、いずれにしても、これまでの御社の土壌汚染行為が原因で、将来、当該土地が要措置区域に指定されれば、御社は、原因者として措置の指示又は命令を受けることがあります。

解　説

1　会社分割と不法行為債権者の保護

会社分割により不測の損害を被るおそれのある債権者に対する保護として、会社分割に異議を述べることができる分割会社の債権者であって、各別の催告を受けなかった一定の者は、吸収分割契約や新設分割計画で債務を負担しない旨が定められた会社に対しても、その会社が会社分割の効力が有する日に有した財産の価額（同社が承継会社である場合には、承継した財産の価額）を限度として、その債務の履行を請求することができます（会社法759②③・764②③・766②③）。その「一定の者」には、日刊新聞紙による公告又は電子公告が行われた場合でも、不法行為債権者であれば、各別の催告を受けなかった全ての者が含まれます。したがって、会社分割の効力が発生した時点で分割会社に知られていた不法行為債権者で各別の催告を受けたという不法行為債権者以外、不法行為債権者は、吸収分割契約・新設分割契約により債務を負担しないとされた会社に債務の履行を請求できます（江頭憲治郎『株式会社法〔第7版〕』920・921頁（有斐閣、2017年）参照）。

したがって、ご質問の事例で、会社分割後は、電気機器製造業は全て新設会社に移転し、新設会社が債務を負うとされていても、分割会社が会社分割の効力が有する日に有した財産の価額を限度として、分割会社に対して不法行為債権を有していた者は、その債務の履行の請求ができることになります。

2　会社分割と土壌汚染対策法上の責任

会社分割があっても、土壌汚染行為を行った時点では御社が土壌汚染を行っているのですから、御社が原因者として、土壌汚染対策法の措置の指示や命令を受けることがあります（法7）。もし、ご質問の場合と異なって、新設会社に高齢者のヘルスケア事業を移転し、分割会社である御社は従来の電気機器製造業を継続していた場合、新設会社には当該土地建物も移転はしませんし、新設会社を原因者とみることもできないと思われます。その場合、分割会社である御社には資力が不足して、御社に土地所有者としても、原因者としても、措置の指示や命令を出す実効性がない場合があります。その場合、御社は倒産しても、新設会社は生き残る可能性があります。しかし、もし、このようなことを意図して会社分割を行うのであれば、法人格否認の法理（Q41参照）により、新設会社を分割会社と同視して、措置の指示や命令が新設会社に出される法的リスクはありますし、土壌汚染対策法の措置命令逃れで会社分割を行ったということが判明すれば、回復し難い信用失墜を社会的に受けることになります。

40　事業譲渡と土壌汚染

　当社はA社から薬品事業の事業譲渡を受け、薬品工場の土地建物も譲り受けました。A社は、なおその他の事業が順調ですが、事業譲渡を受ける前にA社において発生させた土壌汚染に関する法的責任はあくまでもA社にあると理解していいでしょうか。

　その理解で結構です。ただし、A社が地主から土地を賃借していて、事業譲渡と共に土地賃借人の地位を承継した場合は、その承継に当たって、地主が承諾をすることで、御社がその土地賃貸借契約の権利義務を地主との関係では免責的に引き受けたと解されます。土地賃貸借が終了する場合、事業譲渡前に発生した土壌汚染の浄化を地主から求められる可能性があります。

解　説

1　事業譲渡と不法行為債権者

　事業譲渡は会社分割とは異なって、包括承継ではありません。つまり、会社分割は、組織法的行為で、分割の対象とされた事業の権利義務は、所定の手続を経ることで、分割会社から他の会社に当然に移転し、免責的債務引受になる場合も債権者の承諾は不要です。これに対し、事業譲渡の場合は、取引法的行為ですので、A社が御社に薬品事業の事業譲渡をするに当たって、A社の債務を御社が免責的に債務引受をする場合は、債権者の承諾が必要です。不法行為債権者も同様です。

２　事業譲渡と土壌汚染対策法上の責任

事業譲渡を受けた後に、事業譲渡前の土壌汚染行為により、工場敷地に土壌汚染が判明し、要措置区域に指定された場合、原因者としてのＡ社に措置の指示や命令は発せられます。ただし、Ａ社が倒産状態であるとか、Ａ社が解散しているとかの理由で、Ａ社に指示や命令を出すことが不相当であれば、御社が土地の所有者等として、措置の指示や命令を受ける可能性があります（法7①ただし書）。

３　事業譲渡による土地賃借人の地位の移転

Ａ社の工場が地主からの借地であり、事業譲渡に当たって、地主から御社が新たな賃借人となることの承諾を得た場合を考えます。この場合、御社は、Ａ社の土地賃借人の権利も義務も免責的に承継を受けたと考えられます。

ところで、土地賃借人は、土地賃貸借期間、許された土地利用の中で、土地を善良な管理者としての注意義務を負って利用しなければならず、土壌汚染行為は、今や、明らかに、その注意義務違反と考えられます。

問題は、土壌汚染対策法制定以前の、まだ土壌汚染について人々の関心が低かった時代も同様にいえるのかということです。既に説明しましたが（小澤英明「日本における土壌汚染と法規制－過去および現在」都市問題101巻8号（2010年）参照）、1970年（昭和45年）頃までは、水質汚濁防止法も廃棄物処理法も存在しておらず、工場からの廃水が工場敷地に垂れ流し状態だったり、工場からの産業廃棄物を敷地に埋めたりすることも行われていました。そのような状況が常態だった中で、土壌汚染行為が土地賃貸借契約における賃借人の善良な管理者の注意義務に反する行為だったといえるのかは直ちには判断しづらいところがあります。地主もそのような操業を是認して、地代を収受し、経済的収益を上げていたのであって、汚染の程度にもよりますが、当時の土壌汚染行為を問題にはできないとの判断もあり得ます。さすがに、土地の利用者の健康被害をもたらすような汚染行為は許されてはいなかったと考えますが、そこまでに至らない汚染行為は事案によって判断が分かれそうです。

ただし、もともとの借地契約に原状回復義務が規定されていた場合は、原状回復義務としての土地賃借人の浄化義務があるのではとも思われますが、借地契約の時点の社会経済的常識から、いかなる意味を込めて「原状回復義務」を規定したのかが重要です。この点については、Q23で詳述しましたので、参考にしてください。

４　改正民法における相違点

改正民法では、瑕疵担保責任が契約不適合責任に変わりますので、事業譲渡で取得する土地建物の欠陥については、改正民法における契約不適合責任の成否等について検討する必要があります。

また、改正民法では、賃貸借における賃借人の原状回復義務が法定されましたので（平29法44改正民621）、以上に述べた原状回復義務が規定された土地賃貸借契約と同様に解されます。

５　改正民法下における留意点

工場等に借地部分がある場合は、土壌汚染があることを想定して、事業譲渡契約締結前に土壌汚染調査を行って対処方法を協議するか、それが無理な場合は、その後に土壌汚染が判明した場合についてどのような処理を行うかあらかじめ事業譲渡契約で合意しておくことが賢明です。

41　子会社の土壌汚染に関する親会社の責任

当社が過半数の株式を有する子会社が売却した土地から深刻な土壌汚染が出たと、買主から当社に対しても損害賠償の請求がありました。子会社株式の100％を保有しているわけではないのですが、子会社の役員等主要なポストは、長年当社からの出向者が占めており、子会社を長年支配してきたと言われても仕方がないとは思います。このような買主に対する損害賠償義務も当社が負うのでしょうか。

原則として、御社の子会社の売主責任を御社が負うことはありません。ただし、子会社が形骸化していて、実態は御社の組織の一部門にすぎないとか、売買の後、御社が子会社を解散させ、買主が売主責任を問う相手方が不存在となったような例外的な場合は、御社が子会社と同視される場合がないとはいえず、要注意です。

解　説

1　法人格否認の法理

株式会社が法人格を否認される場合があります。それは、法人格否認の法理によりますが、これについては、「株式会社は法人であり、株主と別個の法人格を有する。しかし、一人会社のように株主と会社との関係が密接なケースでは、両者の法人格の独立性を形式的に貫くことが、場合により正義・衡平に反することがある。その場合に、特定の事案につき会社の法人格の独立性を否定し、会社とその背後の株主とを同一して事案の衡平な解決を図る法理が『(会社）法人格否認の法理』である」（江頭憲治郎『株式会社法〔第7版〕』41頁（有斐閣、2017年））と一般に説明されています。典型的には、①小規模な株式会社が倒産した際その実質的一人株式の個人責任を追及するために援用されたり、②親子会社間の法人格の異別性を否認する形でも適用され得ると言われています（同書41頁）。法人格否認の法理は、「法人格の独立性（法人の「分離原則」)、すなわち、①会社の対外的活動から生じた権利・義務は会社に帰属し、かつ、②会社に対し効果を生ずる財産法上の行為は会社の機関が行う（株主は、直接それを行う権限を有しない）との原則を、当該事案限りで否認する法理」です（同書42頁）。

判例によれば、「法人格が濫用される場合」又は「法人格が形骸化している場合」に法人格否認の法理が適用されます。「法人格の濫用」とは、法人格が株主により意のままに道具として支配されている（支配の要件）ことに加え、支配者に「違法又は不当の目的」（目的の要件）がある場合をいうと説明されています。また､「法人格の形骸化」とは、法人とは名ばかりであって、会社が実質的には株主の個人営業である状態、又は、子会社が親会社の営業の一部門にすぎない状態をいうとされていますが、単に、親会社が子会社を完全に支配しているだけでは法人格の形骸化とはいえず、株主総会・取締役会の不開催、業務の混同、財産の混同など、法人形式無視の諸徴表が積み重なって初めて法人格が形骸化していると言われています（同書44・45頁）。なお、このような諸徴表の積み重ねの判断より、契約相手方に対し契約当事者が誰であるかを誤認させていないか、事業リスクに比して過小な資本の出資ではないか、高賃料の資産賃貸借契約等を通ずる子会社の搾取による子会社から親会社への利益移転等の会社債権者等相手方を保護すべき実質的理由に着目すべきとの考え方も示されています（同書46頁）。

２　三菱瓦斯化学事件

土壌汚染に関して、子会社の清算過程で、工場閉鎖、工場撤去、工場跡地の更地化を主導した親会社が土壌汚染の原因を作ったとして、ダイオキシン類対策特別措置法及び公害防止事業費事業者負担法により、ダイオキシン類による土壌汚染対策費の一部を負担させられたことが争われた三菱瓦斯化学事件について、以下、紹介します。これは、同負担処分の取消しを求めて、三菱瓦斯化学株式会社（以下「三菱瓦斯化学」といいます。）が東京都を被告として訴訟を提起した事件で、第一審の東京地裁も控訴審の東京高裁も、その請求を退けました。同事件については、渡邉敦子弁護士による「ダイオキシン類による土壌汚染と事業者の責任」（環境管理2013年5月号55頁以下）の解説があります。

共栄化成工業株式会社（以下「共栄化成」といいます。）がPCBを含有する製品を製造していた工場を1964年（昭和39年）から1965年（昭和40年）頃に閉鎖し、工場跡地を更地化した際に地中にダイオキシン類を排出し、環境基準の16倍の土壌汚染をもたらしたことが、2000年（平成12年）に判明しました。当該土地は太田区道に接しており、東京都は判明した土壌汚染の除去に関する公害防止事業について費用負担計画を策定し、汚染土壌の除去等を行い、三菱瓦斯化学に対して、公害防止事業費事業者負担法（以下「負担法」といいます。）に基づき、事業費を負担させる処分を行いました。この処分の取消しを三菱瓦斯化学が求め、訴訟を提起しました。

共栄化成と三菱瓦斯化学の関係ですが、上記工場閉鎖時点で、共栄化成は、日本瓦斯化学工業株式会社（以下「日本瓦斯化学」といいます。）が全株式を保有し、共栄化成の最大の債権者であり、しかも共栄化成の従業員を再雇用するなどの関係にあり、この日本瓦斯化学と三菱江戸川化学株式会社が合併して、三菱瓦斯化学が設立されました。

この三菱瓦斯化学が、負担法3条に規定する「当該公害防止事業に係る公害の原因となる事業活動」を行った事業者に該当するとして、上記処分が行われ、これを三菱瓦斯化学が不服として、取消しを求めたという事案です。

土壌汚染が共栄化成の更地化によるものかも争われましたが、裁判所は、更地化の際に地中に排出されたものと推定されると判示しました。問題は、更地化したのは共栄化成でありながら、その親会社の日本瓦斯化学を合併して新設された三菱瓦斯化学をもって、負担法の「当該防止事業に係る公害の原因となる事業活動」を行った事業者といえるかです。この点を三菱瓦斯化学は争ったのですが、第一審の東京地裁平成18年2月9日判決（判タ1309・151）でも、控訴審の東京高裁平成20年8月20日判決（判タ1309・137）でも、原因となる事業活動を行った事業者と認定されました。

東京高裁は、日本瓦斯化学が共栄化成の100％親会社であり、かつ、当該工場の敷地と工場等の約半分の所有権を有し、共栄化成の唯一の債権者であったこと、日本瓦斯化学の常務会において、共栄化成の資産等の処分について了解がとられ、日本瓦斯化学がその細部に至るまで全て方針を決定していたこと、工場の解体等を直接指揮監督したのも日本瓦斯化学の従業員であったことなどから、当時共栄化成は全ての判断を日本瓦斯化学に委ねていたとはいえ、それは、100％株式を保有する親会社がその支配力を利用して子会社の方針決定に影響を及ぼすという域を超えていたと指摘し、日本瓦斯化学が、PCBを含有する製品を投棄した主体と評価できるとして、これを承継した三菱瓦斯化学に負担を負わせる処分は適法だとして、三菱瓦斯化学の請求を認めませんでした。

三菱瓦斯化学事件はダイオキシン類による土壌汚染であり、土壌汚染対策法ではなく、それ以前に制定されたダイオキシン類対策特別措置法により規制されます。その規制については、Q13で解説したとおりですが、ここで原因者として、日本瓦斯化学を認定したという点に大きな意味があります。つまり、形だけは、共栄化成の更地化工事としてなされた行為が原因行為ではあるものの、実質は日本瓦斯化学の原因行為と同視できると判断したものです。

3　親会社の責任

三菱瓦斯化学事件の第一審では、被告の東京都が法人格否認の法理も主張していたようですが、裁判所は、「被告は、原告に負担法3条に基づく負担を課す根拠として、いわゆる法人格否認の法理も主張しているが、その主張については判断の限りではない」と理由中で触れているだけで、法人格否認の法理の成否には踏み込んではいません。したがって、控訴審では法人格否認の法理は議論されていません。法人格否認の法理を持ち出すまでもなく、同事件における事実関係では、原因者として親会社に事業費を負担させることが公害防止事業費事業者負担法の解釈として可能であるという判断です。なお、この事件は、ダイオキシン類対策特別措置法及び公害防止事業費事業者負担法による原因者の判断ですが、土壌汚染対策法7条1項ただし書の原因者の判断にも参考になります。

第６章　汚染原因者の法的義務又は責任

42　土壌汚染原因者の土壌汚染対策法上の法的責任

土壌汚染対策法では、汚染原因者はどういう法的責任を負うことになるのですか。また、どのような場合に、原因者と判断されるのでしょうか。

健康被害のおそれがある地域として要措置区域に指定された場合、必要な対策の指示や命令を受けることがあります。なお、原因者と判断される場合は様々です。

解　説

1　土壌汚染対策法の対策義務者

土壌汚染対策法では、放置すれば健康被害のおそれがある地域は要措置区域に指定されます（法6①）。同法の特徴は、その対策をすべき者として土地の所有者等を挙げているところです（法7①）。所有者等とは、所有者、管理者、占有者をいうものとされています（法3①）。ただし、「当該土地の所有者等以外の者の行為によって当該土地の土壌の特定有害物質による汚染が生じたことが明らかな場合であって」、その行為をした者に汚染の除去等の措置を講じさせることが相当であれば、このような行為者に指示や命令を出すべきことが規定されています（法7①ただし書）。つまり、土地の所有者等以外の原因者に措置の指示や命令を出すことになります。原因者に指示や命令を出すことで対策が期待できる場合は原因者にという考え方ですので、なお原因者責任主義が優先されているといわれる理由です。

２　原因者に措置を講じさせることが「相当な場合」

原因者が資力もあり原因者に措置の指示や命令を出すことで措置が講じられることが期待できる場合は、原因者に指示や命令を出すことが相当であるのですが、事情によっては、むしろ、土地の所有者等に出すことが公平な場合があります。

この点について、環境省の平成31年通知では、この「相当な場合」とはいえない場合として、土壌汚染対策法8条1項ただし書の「行為をした者が既に当該〔中略〕指示措置等に要する費用を負担し、又は負担したものとみなされるとき」が該当するとしていることに注意が必要です。同通知によりますと、この土壌汚染対策法8条1項ただし書の場合については、①汚染原因者が当該汚染について既に汚染の除去等の措置を行っている場合、②汚染除去等計画の作成及び変更並びに汚染の除去等の措置の実施費用として明示した金銭を、汚染原因者が土地の所有者等に支払っている場合、③現在の土地の所有者等が、以前の土地の所有者等である汚染原因者から、土壌汚染を理由として通常より著しく安い価格で当該土地を購入している場合、④現在の土地の所有者等が、以前の土地の占有者である汚染原因者から、土壌汚染を理由として通常より著しく値引きして借地権を買い取っている場合、⑤土地の所有者等が、瑕疵担保、不法行為、不当利得等民事上の請求権により、実質的に汚染除去等計画の作成及び変更並びに汚染の除去等の措置に要した費用に相当する額の填補を受けている場合、⑥汚染除去等計画の作成及び変更並びに汚染の除去等の措置の実施費用は汚染原因者ではなく現在の土地の所有者等が負担する旨の明示的な合意が成立している場合等が挙げられるとしています。

これらは、要するに、既に原因者が費用負担をしていると考えられ、現在の土地の所有者等がそれに見合う利益を得ている場合です。しかし、その「現在の土地の所有者等」が土地を転売すると、もはや、新たな「現在の土地所有者等」との関係で、上記の①ないし⑥を検討することになることに注意が必要です。例えば、原因者Ａが汚染のない土地であれば100億円の土地を、汚染があるとして20億円減価してＢに売却している場合、上記③に該当しますので、Ａに措置の指示や命令を出すことは相当ではないということになり、措置の指示や命令はＢに出ます。しかし、ＢがＣに土地を売却して、しかも汚染を知らせずに売却し、特段売買価格の減価もない場合に問題が生じます。Ｃとの関係では、上記③には該当せず、その他の場合（①、②、④、⑤、⑥）にも該当しないからです。Ｃは汚染を知らずに購入しており、一方、Ａは減価してＢに売却しており、どちらも措置の指示や命令を受けると困惑します。この場合、汚染を除去しないまま土地の流通を許したＡに措置の指示や命令を出すことが「相当である」という判断になり、Ａに措置の指示や命令が出ると考えます。その場合、ＡはＢに対して不当利得返還請求をするということになろうかと思われます。このように考えると、要措置区域に指定されるおそれのある土地につき汚染を除去しないで売却することは、いくら減額して売却しても、売主に措置の指示や命令を受けるリスクを残し、注意が必要です。

3　土地の所有者等から求償される場合

土壌汚染対策法7条1項によると、本文は、土地の所有者等に対する措置の指示や命令で、これは、原因者が不明で措置が遅れる場合等を考慮しているものです。したがって、原因者の特定が容易ではないために、やむを得ず、現在の土地の所有者等に指示や命令が出ることがあります。そのような場合、後日、原因者が判明するということがあります。判明すれば、対策のために土地の所有者等が行った措置に要する費用を原因者に求償することができます。これについては、土壌汚染対策法8条1項に規定があります。この求償権の時効は、原因者を知ってから3年、措置を講じてから20年と規定されています（法8②）。

4　原因者と判断される場合

原因者と判断される場合は様々です。以下において、注意すべきケースについて説明します。

(1)　工場の排煙による土壌汚染

土壌汚染の多くの発生原因は、水質汚濁防止法上の特定施設で特定有害物質を使用していたケースや地中に廃棄物を埋める場合と思われますが、工場の排煙を原因とする土壌汚染もあります。ゴミ焼却場からのダイオキシン類による土壌汚染は、その典型的なものですが、工場の煙突から排出される排煙に鉛その他の土壌汚染対策法の特定有害物質が含まれ、その排煙が近隣の土地に降り注いで土壌汚染が生じることがあります。この点については、Q35も参考にしてください。

(2)　ガソリンスタンドからのガソリン漏れ

工場以外でも、土壌汚染の発生源となることがあります。その典型例がガソリンスタンドです。地下にあるガソリンタンクの老朽化によりガソリンが漏れ、ガソリンに含まれるベンゼン（特定有害物質の一つ）が地中に広がり、広範囲の土地を汚染してしまうことがあります。この場合、ガソリンタンクは、土地工作物であり、その所有者は、民事的に土地工作物責任を負わされることになりますが、土壌汚染対策法の原因者にもなり得ます。この点については、Q36も参考にしてください。

(3)　運搬・処理業者に依頼した廃棄物処分による土壌汚染

過去に廃棄物の運搬業者や処理業者に廃棄物の処分を依頼したが、その廃棄物に特定有害物質が含まれていたため、その廃棄物が埋め立てられた土地が汚染されてしまったような場合に、廃棄物を排出した企業も土壌汚染の原因者となるかが問題になります。現在の廃棄物処理法では、廃棄物の排出者には排出者責任が厳しく認められていますが、現在の廃棄物処理法を前提にしても、運搬・処理業者と共同で違法な廃棄物の処理を行ったと認められる場合を除いて、排出事業者を汚染原因者と認定することは難しいと考えます。この点については、Ｑ37も参考にしてください。

(4)　土壌汚染を放置した土地の売却

工場等の敷地を汚染したＤが当該土地をＥに売却した場合、土壌汚染対策法7条1項のただし書により、Ｄに原因者として措置の指示や命令が出ることが原則です。しかし、Ｄが措置に要する費用を負担したとみられる場合は、原因者であるＤに措置の指示や命令を出すことが相当ではないと判断され、原因者ではあっても措置の指示や命令を受けることがありません。負担したとみられる場合は様々であることについては、上記２で説明したとおりです。なお、汚染土地を流通に回す場合の不法行為責任については、Ｑ38も参考にしてください。

(5)　子会社の土壌汚染行為による汚染が親会社の原因とみられる場合

一般には、子会社の土壌汚染行為は親会社の土壌汚染行為とは同視できません。しかし、例外的にはあり得ます。ダイオキシン類対策特別措置法関係ですが、子会社の清算過程において、工場撤去、土地更地化等を親会社が行っているとみられた三菱瓦斯化学事件（Ｑ41の２）を参照してください。

43　土壌汚染原因者の不法行為責任の有無

随分昔に売却した当社の工場跡地から土壌汚染が判明したとして、当社に汚染原因者として不法行為による損害賠償を支払えと現在の土地所有者から請求がありました。汚染原因者ならば請求に応じざるを得ないのでしょうか。

土壌汚染が単に当該土地の減価をもたらしているにすぎない場合、原則として、不法行為責任は成立しないと考えます。ただし、土壌汚染による健康被害の防止のため、現在の土地所有者が費用を支出して対策を行った場合、その支出がその目的のために合理的であれば、支出した費用につき、不法行為責任として、損害賠償の責任を負うことが考えられると思います。また、汚染土地を売却した時点で既に土壌汚染対策法の制定がなされているなど土地購入者が汚染土地を忌避している状況下で土壌汚染の可能性を説明せずに売却していれば、不法行為責任が成立する場合もあると考えます。

解　説

1　自己の所有土地を汚染することの法的意味

自己の所有土地を汚染する行為は、自己の車を叩き壊すのと同様に、一般的には愚かな行為ですが、仮に、汚染行為が水質汚濁防止法や廃棄物処理法に違反した行為であっても、他人の損害を捉えられないので、それだけで不法行為が成立することはありません。

しかし、土地は車とは違って、隣地と接続しており、また、地下水を通じて離れた土地とも影響を及ぼしたり及ぼされたりする関係にあり、当該土地だけを見るのでは不十分です。当該土地の土壌汚染が、場合によっては、地下水を通じて隣地等を汚染することもあり得ますし、遠く離れた土地で汲み上げた地下水を飲む人に健康被害をもたらすかもしれません。

このような隣地等の土地を汚染することによる隣地等の価値の低下は隣地等の毀損と評価できますし、他人の健康被害は他人の生命身体に対する損害であることはいうまでもありません。また、他人が健康被害を防止するために支出した費用も、これらの損害を予見できた場合は、隣地等所有者や健康被害者、健康被害防止者に対して、不法行為による損害賠償責任が発生します（民709）。

しかしながら、単に、土壌汚染が汚染を生じさせた当該土地にとどまっている限り、他人の生命身体財産を害しているわけではないので（当該土地で地下水を汲み上げて飲むことで被害に遭う人がいればその人に対する健康被害はありますが）、不法行為の問題は発生しないと考えます。

2 汚染土地を取得した人の損害についての不法行為責任

自己の所有土地を汚染しただけで、以後もその所有土地を持ち続けている場合は、以上のように考え方を整理できますが、その所有土地を売却した場合も同様に考えていいのかが問題です。当該土地を取得した人が当該汚染による被害の拡大を防止するために支出した合理的費用は、御社に予見可能性がある限り、御社は不法行為責任を負うと思われます。また、既に土壌汚染対策法の制定がなされているなど土地購入者が汚染土地を忌避している状況下で土壌汚染の可能性を告げずに土地を売却した行為も、不法行為責任が問われ得ます。この場合は、損害が健康被害防止費用には限定されないと思われます。この問題については、Q38で詳述しましたので、参考にしてください。

第７章　土地区画整理事業の汚染土地をめぐる法的義務又は責任

44　仮換地に土壌汚染がある場合の施行者責任

土地区画整理事業でAに仮換地指定をしたところ、Aから、仮換地の指定を受けた土地から土壌汚染が出たと言われ、直ちに汚染土壌を除去せよと求められています。除去した場合に、除去費用をその土地の所有者に請求できますか。

請求できないと考えておくべきです。その汚染地の従前地を適切に評価減して対応する必要があります。

解　説

1　仮換地指定前

土壌汚染のおそれのある土地については適正に評価を減じる必要があります。適正に評価減を行うというのは、言うは易く行うは難し、であり、非常に難しい課題です。これについてはQ46で取り上げます。

土壌汚染については、仮換地指定前に発見に努めるべきであり、発見されたら、汚染地に対してはできるだけ原位置換地を与えるか、土壌汚染による市場価値の大幅減に振り回されなくてもよい公共施設の敷地とするか（ただし、十分な被害防止策は講ずる必要があります。）、検討すべきですが、換地設計上、原位置換地も難しく、公共施設の敷地にするのも難しい場合、汚染地をその所有者（以下「Ａ」といいます。）ではない別の土地の所有者（以下「Ｂ」といいます。）の換地とせざるを得ません。

そうなると、その汚染地をそのままにしてＢの換地とするわけにはいきません。汚染を除去しないと、照応の原則（区画整理89）違反となるからです。

汚染の除去の費用は、事業費から捻出しますが、この事業費をＡに求償できるのかが問題になります。本設問は、仮換地指定後ですが、仮換地指定前にも同様の問題は発生します。

可能性のある法的構成は、施行者が汚染地の汚染を除去した段階でＡに利得が発生するので不当利得の返還を求めるというものですが（民703）、この論点が争点となった事例である東京高裁平成23年9月7日判決（平23（ネ）247）は、その請求を認めませんでした。

少し長くなりますが、その理由部分を引用します。「確かに、土地区画整理事業実施中の特定の土地に対して土壌汚染を浄化する工事を行えば、当該土地の交換価値がその時点において増大することになるといえる。しかし、土地区画整理事業においては、事業対象区域内の土地に対して、形状や用途等を変更したり、建物や工作物を撤去する工事が実施されることが一般的であり、事業遂行の過程においては、当該工事が実施されることにより、当該区域内の各土地について、交換価値の増減が生じることになるが、これを調整する方法としては不当利得の法理に基づく個別的な精算を行うことは予定されておらず、事業対象区域内の各土地について、照応の原則に基づき、それぞれの価格等に対応した換地を取得することによって調整することが予定されているのである。すなわち、当該区域内の土地について、当初把握されていなかった評価の増減事由が発見された場合においては、仮換地指定の変更等の手続を行い、最終的に当該事由を反映した評価に基づく換地を行うことによって対応すべきであって、事業遂行の過程における個別の土地に対する工事費用の支出や当該工事による当該土地の価値の増加自体を利得と評価して、これを不当利得として精算を求めることは、土地区画整理事業の制度の構造上予定されていないと解すべきである。また、当初の所有地について評価に過誤があったとしても、これに基づいて換地が行われた場合には、当初の土地の評価額に照らして過大な評価額の土地が換地とされた場合においても、当該換地処分が取り消されたり無効とされない限りは、換地処分の効力により、換地を受けた土地所有者は、当該換地を取得することについて法律上の原因があることになるから、その差額について不当利得として返還を求められることはないというべきである。」と判示しました。

要するに、土地区画整理事業は、事業全体を通して、換地処分の適否を判断すべき事業であって、事業の途中で個々の土地に利得が生じたとか、損失が生じたとかの判断を許すものではないというもので、汚染地にどのような換地を与えるかは、汚染地の適正な評価を行ってなすべきであると判断したものです。

確かに、たまたま土地区画整理事業の施行地区に編入されたために、土壌汚染があぶり出され、土壌汚染除去に要する費用の負担を強いられるというのでは、汚染土地所有者にとっては納得ができない処理になります。かといって、他の地権者との公平を考えると、汚染のない土地と同様に遇することもできません。したがって、汚染地の評価はQ46で説明するように難しいのですが、施行者が負担した汚染除去工事費を汚染土地所有者に求償することは、全部であれ一部であれ、土地区画整理事業の性質から許されないとした上記裁判例がある以上、この裁判例で示された考え方を尊重すべきと考えます。

2　仮換地指定後

仮換地も多くの場合、換地予定地的仮換地として指定されますので、仮換地に土壌汚染があれば、照応の原則の考え方から、そのままでは違法な仮換地指定と考えるべきです（仮換地指定においても土地区画整理法98条2項により、換地計画の決定基準である照応の原則を考慮すべきと考えられています。）。したがって、仮換地指定を取り消すか、汚染の除去が必要です。本設問では、仮換地指定を受けた者も汚染除去を希望しているようですので、汚染を除去し、汚染除去工事期間中、仮換地の使用ができないことの補償を行う必要があります。

このようにして、一旦、施行者が工事費用を負担せざるを得ません。この場合、仮換地指定がなされてしまっているので、換地設計の変更は非常に難しいかもしれませんが、適切な評価減を行った上で、原位置換地とするか公共施設敷地とするか、又は保留地予定地を活用して、汚染地の評価減を反映して換地設計をやり直し、仮換地指定の一部修正を行わざるを得ないと思われます。

3　換地処分後

換地処分後に土壌汚染が発覚すれば、それは、照応の原則に反した換地処分として違法ですから、Ｂが施行者に対して換地処分の取消しを求めれば、これに従わざるを得ません。ただし、換地処分について、不服申立て又は取消訴訟には期間制限があります。そこで、換地処分を受けて一定期間（不服申立ては処分を知った日から3か月以内（行政不服審査法18①）、取消訴訟は処分又は裁決があったことを知った日から6か月以内（行政事件訴訟法14①））を経過すれば、Ｂは、取消しを求めるのではなく、違法な換地処分により被った損害を国家賠償法により施行者に対して賠償請求を行うべきことになります（国家賠償法1）。もちろん、このような地権者からの不服申立てや訴訟手続を待つまでもなく、施行者としては、Bの不利益を回復させる手段を講じることが望ましいことはいうまでもありません。

難しいのは、施行者が土地区画整理組合で、しかも土地区画整理組合が解散しているような場合です。この場合、組合に責任追及することはできないので、違法な換地処分につき理事らに責任を問えないかが問題になります。しかし、これは困難と考えられます。なぜならば、土地区画整理組合は、公法人であり、公法上の社団法人であって、民間の社団法人とは別に考える必要があるからです。土地区画整理組合は、国家賠償法1条にいう「公共団体」であるとして、理事らは、その公権力を行使する公務員であるからその職務を行うに当たって違法に組合員に損害を与えても、個人として責任は負わないと考えられています（大阪高判平15・7・3判自252・93）。換地処分は、典型的な公権力の行使ですので、違法な換地処分がなされても、理事個人の責任は問えません。このように考えると、違法な換地処分で損害を被った組合員の救済の道が閉ざされてしまうようで、不合理にも思われますが、この場合、認可権者の監督責任や元の土地所有者の責任を追及することは考えられます。これらの者の責任については、汚染された保留地を購入した買主の救済に関して次のQ45で述べることがここでも妥当すると考えますので、Q45の解説を参照してください。

45　保留地に土壌汚染がある場合の関係者の責任

土地区画整理事業の保留地を購入したところ、深刻な土壌汚染が判明しました。施行者であった土地区画整理組合は既に解散しているようです。理事の責任や組合設立の認可をした県の責任、あるいは元の土地所有者の責任を問うことはできますか。

保留地の売買について、売主の施行者に売主責任を問うことは通常どおりできます。売主の土地区画整理組合が解散していれば、理事らに重過失があれば理事らの個人責任を問うことは考えられます。県の責任や元の土地所有者の責任を問うことも考えられます。

解　説

1　土地区画整理組合の役員の責任

土地区画整理組合が保留地を売買する場合、その売買行為は、Ｑ44で解説した換地処分の場合と異なって、権力的行為ではありません。したがって、その売買において、土地処分に関与した理事の法的責任は、Ｑ44で述べた違法な換地処分に関与した理事の法的責任とは別に考えることができます。

土地区画整理組合は公法人ですが、土地区画整理法44条により、一般社団法人及び一般財団法人に関する法律（以下「一般法人法」といいます。）の4条（住所）及び78条（代表者の行為についての損害賠償責任）の規定は、組合について準用するとされています。

このように、土地区画整理組合は、一般法人法の一定の条文を明示的に準用することが規定されています。

ところで、一般法人法117条では、「役員等がその職務を行うについて悪意又は重大な過失があったときは、当該役員等は、これによって第三者に生じた損害を賠償する責任を負う。」とあります。この条項は、土地区画整理法では土地区画整理組合に明示的には準用されていません。準用されていないので、反対解釈として、このような準用を行うべきではないのか、準用することで不都合が明らかでなければ、むしろ、同様に考えるべきかと判断が分かれ得ます。私は、同様に考えるべきと考えます。一般法人法117条の規定は、同様の規定に株式会社における取締役等の第三者に対する責任について定めた会社法429条1項にもあるように、社団に関する法律において当該社団の執行を担う者の執行に伴う責任として基本となると考えるからです。

したがって、土地の利用履歴から土壌汚染が疑われる土地であることが明らかでありながら、一切土壌汚染の調査を行わなかった場合は、重過失が問題になり得ます。

2　認可権者の責任

組合設立の認可権者である都道府県知事は、組合の事業につき、組合を監督する権限があります（区画整理125）。監督する権限はあるものの、監督する義務はないとも解せますが、近時、土壌汚染に関するトラブルは多くあります。土壌汚染だけでなく地中障害物や地中廃棄物もしばしば問題になり、これらは、換地処分後に発覚する場合は、事業をまき直しづらいこともあり、土地区画整理事業に深刻な影響を与えます。とりわけ、組合事業は、事業が完成すると、組合が解散しますので、これらの要因で違法な換地処分となる場合に、救済が不十分となります。そこで、これらの要因で組合員や組合から保留地を購入した者が損害を被らないように配慮することはもはや義務と考えることができます。したがって、施行地区内に土地の利用履歴から土壌汚染が疑われる土地がありながら、一切土壌汚染の調査もされていない組合事業に対して、都道府県知事の監督責任が問われることはあり得ます。都道府県知事が土地区画整理組合と取引をする相手方に損害が発生することが予見できるのに漫然と監督責任を果たさず、その結果、取引の相手方に損害を与えた場合は、その適切な監督がなされなかったことをもって、国家賠償法1条の違法な不作為として、都道府県の法的責任が認められる可能性はあると考えます。ただし、第一次的には、土地区画整理組合の責任ですので、監督が容易であること、損害が容易に予見できることといった要件が必要になるように思われます。事案に応じての判断となります。

3　元の土地所有者の責任

土壌汚染があることを知りながら、又は土壌汚染をもたらした可能性の高い土地利用の履歴があることを知りながら、施行者の土地区画整理組合からの土壌汚染に関する問合せに対して、答えなかったり、虚偽の回答をしたりした場合は、その対応により、土地区画整理事業の関係者が不測の損害を被る可能性があることは予見できたと思われますので、このような対応は、不法行為として、民事上の損害賠償責任を発生させることがあると考えます。また、元の土地所有者が、土壌汚染の原因者でもあって、土壌汚染の発生時の行政法規に違反して土壌汚染が発生したといえるような場合は、その原因行為が違法であり、原因行為がなければ被らなかった第三者の損害に対して不法行為責任を負う可能性があります。原因者の不法行為責任の成否の問題ですので、元の土地所有者以外に原因者がいれば、その原因者の不法行為責任を問えるかの問題となります。Q43の解説も参考にしてください。

46　土地区画整理事業における汚染土地の評価

土地区画整理事業において、汚染土地はどのように評価すべきものでしょうか。市場価格で評価すると非常に低い評価額になってしまいますが、それが適正であるのか疑問もあり、お尋ねする次第です。

土壌汚染土地の評価を市場価格と同じように判断すべきではありません。しかし、汚染地と汚染されていない土地とを同等に扱うと不公平な処理となります。適正な手続で評価を行ったならば、その評価を尊重すべきですが、直ちに対策を講じるべき土地でないのに、直ちに対策を講じるべき土地と同様の評価を行っているのであれば、評価において重大な誤りがあるものとして、その評価に基づく処分を争うことができると考えます。

解　説

1　市場価格と強制評価額

今や、土壌汚染土地の市場での評価は厳しく、清浄な更地価格を100億円とし、汚染の除去に要する費用を30億円とすると、市場価格は、その差額の70億円と評価できるくらいです。したがって、土地鑑定評価額となると、土壌汚染対策費相当額が減額されてしまうことも少なくありません。このような土地鑑定評価額をもって、土地区画整理事業の土地評価額にすることに問題はないでしょうか。

土地区画整理事業だけでなく、一般に土地収用法の対象となるような公共事業における土地評価に共通していえることですが、このような強制的に土地評価を迫られる場合の土地評価額（以下、便宜的に「強制評価額」といいます。）と、土地所有者の自主的な取引において定まる市場価格とは別のものを対象にしているというべきです。以下に説明します。

土壌汚染対策法で対策すべき土地は、要措置区域の土地だけです（法6①）。しかも、その措置は、健康被害を防止するために必要な最低限のもので足り、必ずしも汚染の除去を求められません。したがって、清浄な更地価格が100億円であるとしても、汚染の除去に要する費用である30億円の支出が強いられるわけではなく、3億円、1億円、5,000万円……というかなり少額の費用でも対応できる措置が求められるだけです。汚染地ではあっても、形質変更時要届出区域に指定されているにすぎない場合や、形質変更時要届出区域にも指定されていない土地は、そのまま利用する限りは、何も対策を求められません。しかし、このような土地であっても、処分しようとすれば、立ち所に市場の厳しい評価にさらされて、清浄な更地価格ならば100億円であるのに、30億円の減価を強いられて70億円でしか売れないということもあります。こういう場合、土地所有者は、そんなに大きく減価されるのならば、売らないよ、という選択があるわけですが、土地区画整理事業その他の公共事業で土地を公共の用に供するといった局面では、土地をかかる公共事業に供さないという自由は与えられません。

土地所有者も、公共事業がなくても、いつかは土地を処分するでしょう。その場合は、処分時に市場の厳しい評価にさらされるわけですが、それは、処分が5年後であれば5年後の、処分が10年後であれば10年後の、処分が20年後であれば20年後の、処分が30年後であれば30年後の、処分が50年後であれば50年後の、処分が100年後であれば100年後の問題です。そのような将来の減価は、現在の減価とは同視できません。すなわち、10年後の30億円は現在価値だと20億円かもしれず、30年後の30億円は現在価値だと15億円かもしれず、50年後の30億円は現在価値だと5億円かもしれず、100年後の30億円は現在価値だと1億円かもしれません。したがって、例えば、100年後に処分するのならば1億円の減価しか評価減されないのに、現在、無理やり土地所有権を奪って30億円減価するというのでは、正当な取扱いにはならないだろうと考えます。公共事業に伴って、土地を公共の用に供する場合に、土地の所有者の有する経済的利益が、公共の用に供する前と後とで差があるのでは正当な補償が行われたとはいえないからです。

しかし、このような公共事業がないとしても、平均的な土地所有者の処分行動からいつかは土地を手放すだろうと思われるところから、例えば、100年所有し続けるという前提を置くのは合理的ではない場合が多いでしょう。例えば、30年後の処分を想定するのが公平だと思われるかもしれません。そうなると、上記の場合では、30年後の30億円の想定価値から、15億円だけ減価することが適切だということになりそうです。

２　評価の適正さの判断基準

将来の想定される処分時期は一義的に決まるものではありません。また、将来の減価額を現在価値に割り引くに当たっての割引率も一義的には決まりません。これらは、当該地域の実情に照らして、また、その時々の経済事情に照らして決められるべきもので、最終的には、しかるべき評価手続の中で決めたものであれば、それを尊重するしかないと考えます。したがって、上記の市場価格と強制評価額との違いを意識しつつ、当該土地の置かれた状況及び評価時点の社会経済的状況を考慮に入れた評価を行っているのであれば、後は、評価機関の評価を尊重すべきものと考えます。

個人施行又は土地区画整理組合施行の土地区画整理事業にあっては、規約又は定款によって、「宅地及び宅地について存する権利の価額の評価の方法に関する事項」を定めなければならず（区画整理5十・15十二、区画整理令1①一）、これを受けて各施行者において土地評価基準が定められています。したがって、この基準が、以上に述べたような評価上の注意事項を配慮していれば、この基準に従って行われた評価（組合の場合は理事会の最終的な決定）は尊重すべきものと考えます。

また、地方公共団体等の土地区画整理事業にあっては、その施行する事業ごとに、土地又は建物の評価について経験を有する者3人以上を、審議会の同意を得て評価員に選任しなければならないとされています（区画整理65）。したがって、この評価員が、以上に述べたような評価上の注意事項を配慮して評価額を決定していれば、これは尊重すべきと考えます。

しかし、以上に述べたような評価上の注意事項をおよそ配慮することなく、独り善がりの評価を行った場合は、その評価において配慮すべき事項を十分には配慮していない問題があるとして、評価自体の適正さが争われ得ると思います。

第8章　その他汚染土地をめぐる関係者の法的義務又は責任

47　土壌汚染調査会社の調査と秘密保持義務

当社が依頼を受けて土壌汚染調査を行った土地から深刻な汚染が判明しました。地下水も基準値を超えた汚染であることが判明しました。近くに飲用井戸もあり、その井戸水に汚染が広がっていないか心配です。当社としては、土地所有者に対策をとってもらいたいし、少なくとも自主的に県に調査結果の報告をしてもらいたくて、強く自主的対応を勧めたのですが、土地所有者はその気が全くありません。当社は調査を依頼した土地所有者との契約で秘密保持義務を課されていますから、どうしようもないと思いますが、このまま放置して近隣の井戸水利用者が病気になっても、当社は一切法的責任を負わないということでよろしいでしょうか。また、逆に県に調査結果を通報した場合、当社は法的責任を問われますか。

緊急を要し、直ちに対策をとらなければ回復し難い損害が他人に発生する場合は、その損害を防止するためやむを得ず行う行為は、秘密保持義務違反を構成しないと考えます。したがって、県に調査結果を伝えても、契約違反の責任を御社が依頼者から問われること

がない場合があります。ただし、緊急の土壌汚染対策を講じなければ回復し難い損害が発生する場合は極めてまれだと思われますので、調査結果を県に伝える前に、依頼者の担当者ではなく、依頼者の代表者に対し、自主的対応を促されたらどうかと思います。

解　説

1　指定調査機関

土壌汚染対策法の土壌汚染状況調査（法2②）を担当する調査機関は都道府県知事が指定する者でなければなりませんが（法3①）、これは、指定調査機関（法4②）と呼ばれます。指定調査機関に指定されるための手続については、「土壌汚染対策法に基づく指定調査機関及び指定支援法人に関する省令」で詳細が定められています。指定調査機関として、2019年（令和元年）7月2日現在、718社が指定されています。指定調査機関は、土壌汚染対策法で定める土壌汚染状況調査だけでなく、土地取引等を契機として任意に行われる土壌汚染の調査も担当しており、土壌汚染の調査は今や指定調査機関がほとんど行っていると思われます。

2　秘密保持義務

指定調査機関による土壌汚染の調査の結果、濃度基準を超えて土壌汚染が判明した土地は評価が下がります。また、近隣に不安を与えることもあります。したがって、調査結果を指定調査機関がむやみに第三者に知らせると、時には土地所有者が損害を被ることがあります。通常このような行為は調査依頼契約の違反を構成します。なぜならば、調査結果をむやみに第三者に知らせるような者に土地所有者が土壌汚染の調査を依頼することはあり得ないからです。したがって、調査依頼の契約の中に、明示的に秘密保持義務を課していなくとも、黙示に同義務が課されていると解すべきです。

ご質問のケースは、秘密保持義務が明示的に課されているとのことですから、調査結果を依頼者の承諾なく第三者に知らせることは、明らかに契約に反することで、許されません。しかし、いかなる場合でも許されないのかが問題になります。

3　緊急の対策を講じる必要性

私人間の契約は契約当事者を拘束しますが、その契約内容が公序良俗違反に該当すると考えられる場合は、無効とされます（民90）。ただし、公序良俗違反を理由として私人間の契約を無効とすることは、なかなか裁判所で認められません。安易に認めると私人の社会経済活動が阻害されかねないからです。

ご質問のケースも、放置することで回復し難い損害が近隣の井戸水の飲用者に発生するおそれが高いというのであれば、御社は、例外的に契約における秘密保持義務の拘束を受けないと考える余地があります。したがって、県に通報しても、通報が契約の秘密保持義務違反を構成するとはいえない場合があります。しかし、緊急の土壌汚染対策を講じなければ回復し難い損害が発生する場合は極めてまれだと思われますので、通報する前に、単に依頼者の担当者と話すだけでなく、依頼者の代表者に自主的対応を促すことが一般的には賢明だろうと考えます。

48　土壌汚染調査会社の注意義務

土壌汚染対策法のいわゆる土壌汚染状況調査において行うべき地歴調査というのは、どの程度の注意をもって行うべきでしょうか。相当に古い時代の土地の利用について、どのように判断すべきか迷っています。

地歴調査に関する環境省の通知等を参考に地歴調査をすべきですが、過去の資料が不存在で、また、関係当事者にヒアリングをしても過去の事実関係が明らかにならない場合は、それ以上探索のしようがありません。そのような場合、よく分からないのに、十分な根拠なく、問題にすべき特定有害物質を絞り込んだり、調査する土地の範囲を絞り込んだり、また、調査の精度を区分けしたりすることには、無理があります。古くから操業していた工場の跡地のようにそもそも汚染のおそれが十分ありそうな土地では、調査内容を絞り込む明確な理由がない限り、全て土壌汚染のおそれがある土地として、概況調査に進んでいくしかないと思います。

解　説

1　地歴調査についての環境省の通知

地歴調査については、環境省水・大気環境局土壌環境課長から都道府県・政令市土壌環境保全担当部局長宛ての「土壌汚染状況調査における地歴調査について」と題する通知（平24・8・17環水大土発120817003）が出され、地歴調査の手順が分かるチェックリストが掲載されています。これを、都道府県や政令市の担当部局が、土壌汚染状況調査における地歴調査の審査事務に活用することが期待されています。この通知に記載されている手順で地歴調査を行うことで、過去の地歴をどこまで把握できたかが分かるようになっています。しかし、問題は把握できない地歴です。

2　公害規制の過去

日本では、昭和40年代半ばまではほとんど公害規制がありませんでした。水質汚濁防止法も廃棄物処理法もないような時代にどれだけ土地が汚染された可能性があるか、想像することはたやすいことであり、汚染記録が残されていること自体、不思議なことです。その後は、公害規制法が次々に整備され、また、規制の程度も厳しくなって、今や、現行の規制法を遵守すれば、新たな土壌汚染の発生はありません（小澤英明「日本における土壌汚染と法規制―過去および現在」都市問題101巻8号（2010年）参照）。その意味では、現存の土壌汚染は、過去の時代の汚染の蓄積です。昭和40年代半ばまではどんなにひどい土壌汚染もあり得ましたし、その後も、長期間土壌汚染の発生の可能性はあり得ました。そのような目を持って、問題を検討する必要があります。昭和40年代半ばより以前から操業されていた工場の跡地に関しては、当該工場で可能性のあるあらゆる汚染を疑ってみても、さほど的外れでもないように思います。したがって、そのような土地では、当時の資料が現存せず、関係者のヒアリングでも地歴が判然としないならば、それは汚染がないことを意味するのではなく、汚染の可能性が十分にあることを示していると考えて、次のステップの概況調査に進むべきです。

49　土壌汚染対策工事会社の法的責任

当社が相当以前に購入した土地について、建物を建設するに当たり、土壌汚染調査会社に調査してもらって土壌汚染があることが判明しましたので、土壌汚染対策工事会社に対策工事計画のための詳細調査を行ってもらい、それに基づいて、汚染除去の対策工事を行いました。しかし、その後建設工事を開始して残土処分を行う段になって汚染土壌が取り切れていないことが分かりました。これでは、何のために対策工事を行ったのか分かりません。残土処分で汚染土壌があるために追加してかかった費用を工事会社に請求したいのですが、工事会社は責任を認めません。調査会社や工事会社に責任を問うことはできないのでしょうか。

工事会社は、土壌汚染があるか否かの概況調査の結果を受けて、オーナーと対策工事の内容を決定し、対策工事に必要な調査を追加的に行った上で、対策工事を行います。したがって、対策工事に必要な調査とその調査に基づく工事について誤りがあれば、対策工事会社に責任が生じますが、そうでなければ対策工事会社が責任を負うことはありません。調査会社が責任を負うかといいますと、これも、土壌汚染対策法が規定している土壌汚染の調査方法を遵守して概況調査を行っている以上、責任を負いません。土壌汚染対策法で定められた調査や汚染除去の対策工事を行っても、全

量調査による汚染除去工事ではないことから、残されてしまう土壌汚染はあり得ます。そのような土壌汚染については、調査会社にも対策工事会社にも責任は問えません。

解　説

1　調査会社と対策工事会社

土壌汚染の調査会社は、土壌汚染の存在を調査する会社です。この調査を概況調査といいます。一方、対策工事会社は概況調査を受けて、対策工事を決め、工事の必要な範囲を確定する調査を行った上で工事を行います。この調査は詳細調査といいます。今、ここで概況調査を行った会社をA社と呼び、詳細調査を行って工事を行った会社をB社と呼びます。なお、調査も対策も一社が行う場合もありますし、調査会社と対策工事会社が別であっても、その役割分担は両者の合意でいかようにも決められますので、ここでは、調査会社A社と対策工事会社B社がいて、上記の役割分担を取り決めた場合を想定します。

A社の行った概況調査が不十分であれば、A社に責任があります。その調査結果を受けて、どのような対策工事を行うかは施主であるオーナーと対策工事会社であるB社が相談することになります。B社が詳細調査を誤る場合があります。その場合はもちろんB社に責任があります。また、詳細調査で確定した汚染範囲についての工事が不完全である場合もB社に責任があります。しかしながら、A社もB社も適切に業務を行っていながら、残された土壌汚染が判明する場合があります。これは、A社の責任でもB社の責任でもありません。

2　残された土壌汚染

土壌汚染対策法に従った調査をA社が行い、同法に従った対策工事をB社が行っても、なお把握されていない土壌汚染が残るには、主として、次の二つの理由からです。第1は、土壌汚染対策法の調査は土壌の全量調査ではないので、どうしても調査されない土壌汚染が残ります。これは、土壌汚染対策法の定める土壌汚染状況調査（法2②）の限界です。第2は、地歴調査を完璧に行うことは非常に難しく、地歴調査が不十分であれば、当然にそれに基づいて行った概況調査や詳細調査が不十分なものになります。

ご質問のケースは、残土処分を行う段になって汚染土壌が取り切れていないということが分かったというものですが、これは、残土処分場に運ばれる土壌に汚染がないかを判断するに当たって、残土処分場が、適切と考えるポイントのサンプルの提出を求めるからです。このポイントと概況調査のポイントは全く別です。したがって、残土処分のために採取したサンプルに汚染があっても不思議ではなく、A社やB社に少しの落ち度がなくても、残土処分時点で他に眠っている汚染土壌が判明することがあります。

土壌汚染の調査を行って、判明した土壌汚染を除去しても、全く汚染のない土地とは同等に見られないのは、心理的嫌悪感との言葉で説明されることがありますが、土壌汚染の調査が全量調査ではないため、土壌汚染を完璧には把握できていないことからの不安感によると解する方が正確だと考えます。

残土処分時に発覚した土壌汚染については、Q14でも詳しく説明しましたので、参照してください。

50　土壌汚染の見落としの場合の不動産鑑定士の法的責任

土地を購入するに当たって、土地鑑定評価書を不動産鑑定士に作成してもらって、参考にしました。ところが、その土地鑑定評価書では土壌汚染を見落として評価していました。不動産鑑定士に対して損害賠償を請求することができますか。

土壌汚染の存在が分かっていながら鑑定評価上価格に影響がないかを考慮していなければ、明らかに不動産鑑定士として職務上の注意義務に違反していると考えられます。もっとも、土壌汚染は存在しているが価格に影響がない場合は、この限りではありませんが、土壌汚染が存在しながら価格に全く影響がない場合は極めてまれだと思われます。なお、土壌汚染の存在の可能性が一定程度あるけれども、あるとまでは言い切れない場合は、状況により判断が分かれます。

解　説

1　不動産鑑定評価基準等

不動産鑑定評価基準が土壌汚染を意識して変更されたのは、2002年（平成14年）7月3日（施行は2003年（平成15年）1月1日）が最初です。これは、土壌汚染対策法が制定された2002年（平成14年）5月29日のすぐ後です。もっとも、これは、物件調査の拡充の観点で、価格形成に係る事項として土壌汚染を含む地中の状況も明記されたにとどまっており、今なお、この点は変更がありません。

この変更に伴って国土交通省の「不動産鑑定評価基準運用上の留意事項」（以下「留意事項」といいます。）も変更になり、土壌汚染についての留意事項が変更されました。この留意事項は、その後、2014年（平成26年）5月1日の改正を経て、以下のとおりとなっています。

すなわち、「Ⅷ　『各論第1章　価格に関する鑑定評価』について」「1．宅地について」「(5)　対象不動産について土壌汚染が存することが判明している場合等の鑑定評価について」において、「土壌汚染が存することが判明している不動産については、原則として汚染の分布状況、汚染の除去等の措置に要する費用等を他の専門家が行った調査結果等を活用して把握し鑑定評価を行うものとする。ただし、この場合でも総論第5章第1節及び本留意事項Ⅲに定める条件設定に係る一定の要件を満たすときは、依頼者の同意を得て、汚染の除去等の措置がなされるものとする想定上の条件を設定し、又は調査範囲等条件を設定して鑑定評価を行うことができる。また、総論第8章第6節及び本留意事項Ⅵに定める客観的な推定ができると認められるときは、土壌汚染が存することによる価格形成上の影響の程度を推定して鑑定評価を行うことができる。なお、汚染の除去等の措置が行われた後でも、心理的嫌悪感等による価格形成への影響を考慮しなければならない場合があることに留意する。」とあります。

ここでは土壌汚染があることが判明している前提で、鑑定上の留意事項を規定しています。ここで土壌汚染というのは、土壌汚染対策法の特定有害物質が濃度基準以上に存在していることと理解してよいと考えます（ダイオキシン類についてはダイオキシン類対策特別措置法の基準以上の土壌汚染も同様です。）。

2　不動産鑑定士が土壌汚染を見落とした場合

土地の鑑定評価を行う不動産鑑定士が、土壌汚染について知っていたか、又は土地評価を行う通常の過程で土壌汚染があることを知り得た場合、上記の留意事項に沿って、鑑定評価を行わなければならず、これを行わない場合は、不動産鑑定士の注意義務違反となります。

問題は、まだ土壌汚染対策法でいう概況調査もなく、ただ土壌汚染の疑いがあるにすぎない場合です。この場合は、土壌汚染の可能性が認められるので、専門家による調査を促してその専門家による調査結果を基礎にして鑑定評価を行うことが望ましいのですが、依頼者の資力その他の事情で専門家による調査結果を得られない場合は、上記の留意事項にあるように、不動産鑑定評価基準の「総論第5章第1節」や留意事項Ⅲに定める条件設定を行って、汚染がないものとして、又は汚染の除去等の措置を講じたと想定上の条件を設定して、その条件を鑑定評価書に明示することで、土壌汚染による影響を除外した評価を行うことは可能と考えられます。ただし、それは、あくまでも鑑定評価書を読む人が誤解のないように、設定した条件を鑑定評価書に明示することが最低限必要です。したがって、土壌汚染の疑いがありながら、土壌汚染の存在の可能性について何ら言及せずに、鑑定評価を行い、依頼者に土壌汚染について何らの注意を喚起しない鑑定評価書を渡し、依頼者に土壌汚染がないものと誤解させて、その結果、依頼者が損害を被った場合は、鑑定評価書作成の委任契約における不動産鑑定士の注意義務違反による損害賠償義務を発生させる可能性があります。ただ、土壌汚染の疑いといっても、様々な程度がありますので、土壌汚染の存在の可能性について言及すべき程度の疑いかという論点で議論があり得ます。この点は、事案において、総合的な判断が必要です。

51　土壌汚染による減価を過小評価している場合の不動産鑑定士の法的責任

土地を購入するに当たって、不動産鑑定士が作成した土地評価書を参考にしました。しかし、その鑑定が独自の理論で、土壌汚染による減価を非常に低く見ていました。その評価書で記載されている鑑定価額を参考に当社は買値を決めてしまったのですが、不動産鑑定士に損害賠償を請求することができますか。

独自の理論というものの内容によりますが、不動産鑑定士の一般的な見解から大きくはずれているか否かが問題になります。もっとも、不動産鑑定評価書の評価が問題になるのは、純粋な見解の相違によるものではない場合があります。すなわち、不動産鑑定士の中には、依頼者の要望に応えようとして、客観的な判断とはいえない判断を示す人がいます。そのような場合は、理論ともいえない理論で判断が曲げられています。このような場合は、不動産鑑定評価書が買主にも見せられるということを前提に、買主に誤解を与える意図で作成されているのですから、不法行為責任を問える場合が多いと思われます。

解　説

1　不動産鑑定士の見解の相違

不動産鑑定には、不動産鑑定評価基準、国土交通省の「不動産鑑定評価基準運用上の留意事項」、公益社団法人日本不動産鑑定士協会連合会の「不動産鑑定評価基準に関する実務指針」等により、鑑定評価の基準が示され、不動産鑑定士によって大きく判断が変わらないように手当てされています。しかし、これらの基準はかなり抽象的であり、具体的な事案によっては、不動産鑑定士の見解が分かれることがあります。一般の不動産鑑定士が支持しない独自の理論で鑑定を行うことは、不動産鑑定というものが市場での評価に謙虚に従うという目的で行われていることを考えると、誤りというべきものと思われますが、少なくとも、一般の評価と著しく異なる評価を自己の信念で行うのであれば、その旨鑑定評価書に明記しなければ、読み手に誤解を与えます。

2　意図的に誤解を与える記載と法的責任

特定有害物質が土壌汚染対策法の濃度基準を超過して存在しており、特にそれが人為的汚染であれば、その掘削除去費用が減価要因にもなることが多い中で、当該土壌汚染は土壌汚染対策法で対策を行うことが義務付けられていないとか、当該土壌汚染は被覆されており居住者に健康被害をもたらさないとかの理由で、土壌汚染の減価をしない鑑定評価を見ることがあります。しかし、このような評価は誤っていると考えます。なぜならば、問題は、公法上の対策義務や、健康被害のおそれではなく、当該土地の市場での評価であり、市場での評価減を無視した議論では鑑定評価が成り立たないからです。

このような鑑定評価は、依頼者である売主の明示又は黙示の指示により、買主の判断を誤らせるために使用される場合がありますので、十分な注意が必要です。売主から依頼を受けて作成された不動産鑑定評価書に安易に頼って、購入価格を決めてはいけません。売主の利益を図るために買主に誤解を与えることを企図して、又は、買主が誤解を受けることを予想できる中で、かかる鑑定評価書を作成し、これが買主に見せられることを知りながら又は予見できる中で、これを売主に交付することは､買主に対する不法行為を構成する余地があります。

第9章　不要な土の処分における法的義務又は責任

52　要措置区域等からの汚染土壌の搬出

形質変更時要届出区域に指定されている当社所有地から汚染土壌を搬出する場合、どのような注意が必要でしょうか。

土壌汚染対策法の要措置区域等からの土壌の搬出には、同法の規制がかかります。すなわち、搬出についての事前届出を行い、運搬は同法の運搬基準を遵守しなければならず、処理は同法で汚染土壌の処理の許可を得た処理業者に委託しなければなりません。汚染土壌の運搬と処理には、廃棄物処理法で廃棄物の運搬と処理において求められる産業廃棄物管理票（マニフェスト）と同様の管理票の交付が必要になります。

解　説

1　土壌汚染対策法の要措置区域等からの土壌の搬出の届出

土壌汚染対策法の要措置区域や形質変更時要届出区域（以下、法16条1項の定義に従って「要措置区域等」と総称します。）内の土壌（同法16条1項で「汚染土壌」と定義されています。）を当該区域外へ搬出する場合、搬出者は、搬出に着手する日の14日前までに、一定の事項を都道府県知事に届け出なければなりません。すなわち、①当該汚染土壌の特定有害物質による汚染状態、②当該汚染土壌の体積、③当該汚染土壌の運搬の方法、④当該汚染土壌を運搬する者の氏名又は名称、⑤当該汚染土壌を処理する場合にあっては、当該汚染土壌を処理する者の氏名又は名称、⑥当該汚染土壌を処理する場合にあっては、当該汚染土壌を処理する施設の所在地、⑦当該汚染土壌の搬出の着手予定日、⑧その他環境省令で定める事項（規62）等です。これらの区域内の土壌は、汚染されているとみなされていますので、特に基準に適合していると都道府県知事が認める土壌（土壌汚染対策法16条1項の「汚染土壌」の定義から除かれています。この認定のための調査については、掘削前調査と掘削後調査の二つが同法施行規則59条の2、59条の3で詳しく規定されています。）を除いては、全てこの規制の対象になります。なお、届出は、所定の様式に従い、一定の書類及び図面を添付しなければなりません（規61）。

2　汚染土壌の運搬

汚染土壌の運搬については基準を遵守しなければなりません。基準は、土壌汚染対策法施行規則で詳細に規定されています（規65）。汚染土壌の運搬を業とすることについて特段許可は不要です。ただし、同基準に違反して汚染土壌を運搬した者には罰則が科されます（法66四）。

3　汚染土壌の処理の委託

(1)　原　則

汚染土壌を要措置区域等外へ搬出する者は、一定の例外を除き、当該汚染土壌の処理を汚染土壌処理業者に委託しなければなりません（法18①）。汚染土壌の処理を業として行う者は、当該汚染土壌処理施設の所在地を管轄する都道府県知事の許可を受けなければなりません

（法22）。この許可を受けるためには、当該汚染土壌処理施設や処理業申請者の能力がその事業を的確に、かつ、継続して行うに足りるものでなければならず、所定の基準を満たしていなければなりません。同基準は、汚染土壌処理業に関する省令4条に詳しく規定されています。その処理施設は、①浄化処理施設、②セメント製造施設、③埋立処理施設、④分別等処理施設のいずれかに該当しなければなりません（汚染土壌省令4一イ・1）。その処理の流れについては、第１編第１章第２の「１　2009年（平成21年）改正」及び図2を参照してください。

（2）　自然由来等形質変更時要届出区域間の土壌の移動（例外1）

2017年（平成29年）改正により、自然由来又は埋立て由来の一定の土壌については、受け地の土地の地質と出し地の土地の地質が地質的に同質な状態で広がっていること（自然由来の場合）、受け地と出し地が同一の港湾内にあること（埋立て由来）を条件として、汚染土壌の処理を汚染土壌処理業者に委託しなくてもよいことになりました（法18①二）。これについての詳細は、第１編第１章第２の「２　2017年（平成29年）改正」並びにQ11及びQ56の解説を参照してください。

（3）　飛び地間の土壌の移動（例外2）

2017年（平成29年）改正までは、一つの事業場の土地や一連の開発行為が行われている土地であっても、飛び地になって区域指定されている間の土壌の移動は認められていませんでした。しかし、このことは、迅速なオンサイトでの処理の妨げや工事の支障となり、掘削除去による処理施設への搬出を増加させる要因にもなっているといわれていました。そこで、同一機会に行われた土壌汚染状況調査の対象地内であれば、飛び地になって区域指定された区域間の土壌の移動が可能になり、汚染土壌の処理を汚染土壌処理業者に委託しなくてもよいことになりました（法18①三）。

４　管理票

汚染土壌を当該要措置区域等外へ搬出する者は、その汚染土壌の運搬又は処理を他人に委託する場合には、当該委託に係る汚染土壌の引渡しと同時に当該汚染土壌の運搬を受託した者に対し、所定の事項を記載した管理票を交付しなければなりません（法20①）。この管理票を通じて汚染土壌の適正処理を確保する仕組みとなっており、廃棄物処理法における産業廃棄物管理票（マニフェスト）と同様の仕組みが導入されています。

53　汚染土壌搬出元の責任

形質変更時要届出区域に指定されている当社所有地から搬出した汚染土壌が不法投棄されていると警察から連絡があり、非常に驚いています。当社が法的責任を負うのでしょうか。

管理票によるチェックを行っている以上、不法投棄は生じないはずで、不法投棄が生じているとすれば、それは、御社が交付した管理票の交付先等で何か不正があったからで、そこまでの責任を御社が負う根拠は通常見出し難いと思われます。まずは、なぜ、不法投棄が生じたかの原因を追究して、その原因について御社が関与したと見られても仕方がない事実関係がないかを見て、その上で、そのような事実関係がないことを確認できれば、責任はないと判断できます。

解　説

1　管理票

汚染土壌を要措置区域等外に搬出する者は、汚染土壌の運搬又は処理を他人に委託するに当たって、所定の基準に従って、管理票を交付しなければなりません（法20）。土壌汚染対策法の規制の対象は、同法で義務付けられた調査（法3～5）に基づき判明した土壌汚染と、任意の調査で判明した土壌汚染でありながら同法の指定区域の対象に指定してもらうことを申請した（法14）土壌汚染であり、これらは、要措置区域又は形質変更時要届出区域（同法16条1項で「要措置区域等」と総称されています。）のいずれかに分類されます。これら要措置区域等以外の汚染土壌の搬出については、次のQ54で説明します。ここでは、あくまでも土壌汚染対策法でこれら要措置区域等に指定された土地からの汚染土壌の搬出にかかる規制です。その搬出に当たって、不適切な処理がなされないように導入された制度がこの管理票（「マニフェスト」ともいわれています。）であり、廃棄物処理法の産業廃棄物管理票の制度に倣ったものです。汚染土壌について、このように土壌汚染対策法で特別の運搬と処理制度ができたことは、逆にいうと、汚染土壌の運搬と処理は廃棄物処理法の対象ではないということを意味しています。

2　管理票の流れ

管理票は、汚染土壌の運搬又は処理を委託した者から運搬受託者に交付されます。委託が処理のみの場合は処理受託者に交付します。運搬受託者や処理受託者は、運搬又は処理が終了したときは、交付又は回付された管理票に必要事項を記載し、運搬又は処理が終了した日から10日以内に管理票の交付者に管理票の写しを送付しなければなりません（法20③④、規69・71）。

管理票交付者は、交付した管理票の内容と送付を受けた管理票の写しに記載された内容とを照合する必要があるため、管理票の写しの送付を受けるまでの間、交付した管理票の控えを保管しなければなりません（規66三）。

3　管理票交付者の管理義務

管理票の交付を行ってから40日経っても運搬終了を確認する管理票の写しが送付されてこなかったり（規73一）、100日経っても処理終了を確認する管理票の写しが交付されてこなかったり（規73二）した場合や、運搬受託者や処理受託者が記載すべき事項が記載されていなかったり虚偽の記載がある管理票の送付を受けたときは、管理票交付者は、速やかに運搬や処理がどういう状況だったかを把握して、その結果を都道府県知事に届け出る義務があります（法20⑥）。このような義務を課すことで、適切な処分が行われることを担保しようとするのが法の趣旨です。

4　不法投棄に対する法的責任

御社から搬出された汚染土壌が不法投棄されているとの情報が事実であれば、管理票の管理が不十分か、管理票に虚偽記載がありながら御社が気付かなかったかのどちらかで、後者の場合は、特別な事情がない限り、御社に不法投棄を見破ることは期待できないと思われますので、御社には法的責任は発生しないと考えます。しかし、前者の場合、特に、前述の土壌汚染対策法20条6項に違反がある場合、罰則規定の適用があるだけでなく（法69）、同項違反と不法投棄による土地所有者等の損害との間に因果関係があれば、不法行為として不法投棄地所有者等の損害に対する賠償責任も発生することがあります。

54　要措置区域等以外の土地からの汚染土壌を処分する場合における法的義務及び責任

当社で自主的に調査したところ、当社の所有地から土壌汚染が見つかりました。掘削除去をしたいと考えていたところ、汚染土ですから莫大なコストがかかることが判明しました。そこで、いろいろと情報を集めたところ、残土条例のない所では、汚染土も埋立てをしてくれる所があるから、そこに運んだらいいではないかとアドバイスしてくれた人がいました。何か違法な気がしますが、このアドバイスに従っても法的責任は問われないでしょうか。

残土条例のない所では、受入土壌の基準がないということですので、実際に受け入れてくれる残土処分場があれば、そこに埋立処分を依頼することは、違法ではありません。しかしながら、土壌汚染対策法の規制対象外の土壌であろうと、規制対象の汚染土壌であろうと、同様に特定有害物質に汚染されている土壌を異なって扱う合理的理由はないので、社会的責任を自覚する企業であれば、特段の事情がない限り、前者を後者と同様の処理施設で処理することが望ましいことはいうまでもありません。なお、残土処分場ではない土地の埋立てに使用される場合の不法行為責任リスクについても認識しておく必要があります。

解　説

1　法規制の限界

土壌汚染対策法では、任意の調査により判明した土壌汚染を土壌汚染対策法の規制対象にはしていません（法14①）。同様に規制すべきだという議論も一理ありますが、規制対象にした場合は、土壌汚染の自主調査の数が激減する可能性もあり、そのような結果が土壌汚染の適正な管理に望ましい影響を及ぼすのかは、立法担当者や国会が判断すべき論点です。また、自主調査の有無は市町村にとって把握が難しく、自主調査結果の事案を全て適切に取り扱えるかという問題もあります。さらに、大企業の土地と中小企業の土地では、土地面積も異なり、土壌汚染の範囲や深刻度にも差があり、対策を講じるに当たって必要な資力にも差があり得ます。したがって、中小企業に大企業と同様の厳しい規制を課しても、規制の効果の観点で疑問があります。以上のような、もろもろの事情を考慮して、土壌汚染対策法が土壌汚染の調査を義務付ける契機を限定しており、そのことにはそれなりの理由があります。このように、土壌汚染対策法が規制の対象とする土壌汚染が限定的であることから、規制対象外の土壌汚染をどう取り扱うかは土壌汚染対策法には答えがありません。

2　環境省通知

土壌汚染対策法の規制対象外の汚染土壌について、平成31年通知では、その「第10　法の施行に当たっての配慮事項等」として、「1. 要措置区域等外の土地の基準不適合土壌等の取扱い」において、「要措置区域等外の土地の土壌であっても、その汚染状態が土壌溶出量基準又は土壌含有量基準に適合しないことが明らかであるか、又はそのおそれがある土壌については、運搬及び処理に当たり、法第4章の規定に準じ適切に取り扱うよう、関係者を指導することとされたい。」とあります。

土壌汚染対策法第4章とは、汚染土壌の搬出等に関する規制についての規定であり、要するに、土壌汚染対策法の規制対象外の土壌汚染も、汚染土壌の搬出に当たっては、規制対象の汚染土壌と同様の処理が望ましいので、そのような方向で関係者を指導してくださいというものであり、同様の対応が法的ではなくとも、社会的には望まれるということになります。

3　法的リスク

汚染土壌が管理された埋立地で処分されるような場合は、特段の問題は通常生じないと考えますが、汚染土壌が、飲用に供されている地下水を汚染する可能性のある状態で埋め立てられたり、又は汚染土壌と知らされないままに汚染土壌が処分先の土地の埋立てに使われたりすると（例えば、窪地を埋めるために用いられたりすると）、汚染土壌によって、他人の生命、身体、財産が害されかねません。他人の生命身体が害される事態が発生することは可能性としては低いとは思われますが、他人の土地が特定有害物質で害された場合はその土地の価値を減じることになりますので、このような事態が発生する場合の不法行為責任リスクは念頭に置いておく必要があります。

55　廃棄物混じり土の処分における留意点

いわゆる廃棄物混じり土の適正な処分はどうすべきでしょうか。

廃棄物と土とを分けることが事実上困難であれば、廃棄物の処分場に持ち込んで処理するしかないのが現実のようですが、各地方公共団体で取扱いに差があると思われますので、各地方公共団体の指導に従うことが賢明です。

解　説

1　廃棄物混じり土の取扱いの現状

廃棄物混じり土であっても、土壌汚染対策法の特定有害物質が濃度基準以上にある場合は、汚染土壌としてＱ52からＱ54で説明した取扱いを行うべきことになります。ここでは、廃棄物混じり土であっても、かかる土壌汚染がないものを念頭に置いて考えます。

廃棄物混じり土といっても、様々なものがあると思いますが、廃棄物と土とを合理的に分別できるのであれば、分別して処理することになります。2008年（平成20年）3月に、財団法人土木研究センターは、「廃棄物混じり土への対応方策検討業務報告書」を公表しています。対策として、掘り出さずに地盤として活用する場合と、掘削して廃棄物混じり土を適正処理する場合とがあることが指摘されています。汚染がない分別土は有効利用できるものはできるだけ有効利用することが望ましいとありますが、分別が困難なものは、そのまま最終処分場に運ぶしかないのが現実のようです。

２　不要な土の処分

廃棄物行政において、土は不要なものとして処分される場合も、これを廃棄物処理法上の廃棄物としては取り扱ってきませんでした。その取扱いの淵源は、環境庁のかつての通知である「廃棄物の処理及び清掃に関する法律の施行について」（昭46・10・16環整43）において、「廃棄物処理法の対象となる廃棄物でないもの」として、「土砂及びもっぱら土地造成の目的となる土砂に準ずるもの」を挙げているからではないかと考えます。実際、土壌汚染が意識されなかった時代においては、土は有用なものか、少なくとも人々がその移動に神経質になるものではなく、そのような対応には合理性があったと思われます。しかし、土壌汚染対策法が制定され、土壌が汚染されているか否かが人々の関心を集めるようになると、土は廃棄物ではないといった荒っぽい対応では収拾がつきません。しかし、土壌汚染対策法でも汚染土壌の取扱いを規定したのは2009年（平成21年）改正からで、それまでは汚染土壌の処理も法律上判然としませんでした。ただ、2009年（平成21年）改正後は、Ｑ52にあるように、要措置区域等からの汚染土壌の搬出については法令上処理が明記されました（法16）。しかし、今なお、要措置区域等以外からの汚染土壌の搬出には法令の規制がありません。

３　廃棄物混じり土についての考え方

廃棄物混じり土を廃棄物そのものと同視はできません。世の中に廃棄物が混じった土は数限りなく存在し、廃棄物がどの程度含まれているか、また、廃棄物の種類は何か、廃棄物に対する人々の嫌悪感はどの程度のものか、様々なはずで、一律に議論することは不適切であると考えます。結局、廃棄物混じり土を移動させるに当たり、これを廃棄物の移動と同様に厳しい規制に服させるのが適切か否かを個別に検討するしかないと考えます。廃棄物処理法の運用を行っている地方公共団体が事案を総合的に考慮して指導すべきもので、客観的な線を引きにくい問題ですから、地方公共団体の判断を尊重して対応するしかないと考えます。

油汚染土については、Q12における解説も参照してください。

56　自然由来の汚染土壌の運搬・処分における留意点

土地を購入し、建物を建設しようとしたところ、搬出する土壌に自然由来の土壌汚染があり、搬出処理コストに多大の費用がかかることがよく問題になるようです。当社は、そのような自然由来の基準不適合土壌である建設残土を集めて、盛土が必要な土地に運び出して有効に利用してもらう事業を開始したいと思いますが、法律上の留意点はありますか。

自然由来汚染土を汚染土壌処理場に運ばずに、有効に活用するために移動させることが土壌汚染対策法の2017年（平成29年）改正で一定の範囲で認められました。また、埋立て由来汚染土も同様です。ただし、いずれも注意すべき要件があります。なお、やや大がかりな処理になると思いますが、自然由来等土壌利用施設を開設し、そこに自然由来汚染土又は埋立て由来汚染土を運び入れるということも考えられます。自然由来等土壌利用施設の制度は、2019年（平成31年）4月1日施行の汚染土壌処理業に関する省令の改正で導入されました。

解　説

1　2017年（平成29年）改正の背景

土壌汚染対策法の2009年（平成21年）改正によって、自然由来の汚染土壌も、要措置区域等（すなわち、要措置区域又は形質変更時要届出区域）から区域外に搬出される場合には汚染土壌処理施設での処理が義務付けられました（法18）。しかし、自然由来の汚染土壌は概してその汚染濃度が低く、しかも広範囲に広がっており、建設時に搬出しなければならない建設残土が自然由来で汚染されていれば、その適正処理に莫大な費用がかかることから、大きな問題となりました。すなわち、過度な規制ではないかとの批判が噴出しました。

なお、今少し正確に言いますと、土壌汚染対策法で規制しているのは、要措置区域等から区域外に搬出する場合の規制であり（法18①）、要措置区域等以外からの自然由来の基準不適合土までは規制していません。しかし、建設残土を受け入れる残土処分場は、残土条例がある地域では基準不適合土を受け入れないため、基準不適合土の処分は、要措置区域等の汚染土壌と同様に悩まされることになります。

もっとも、全国に残土条例があるわけでもないので、残土条例のない地方公共団体に基準不適合土を移動させるという奥の手もありますが、環境に配慮する企業にとっては、わざわざ残土条例のない地域に基準不適合土を移動させることもためらわれます。また、その奥の手を利用する場合も、残土条例のない地方公共団体に基準不適合土を運搬するのでは運搬費用がかかりすぎるという問題もあります。したがって、要措置区域等の自然由来の基準不適合土か否かにかかわらず、自然由来の汚染土壌又は基準不適合土は関係者を悩ませてきました（なお、ここでは、「汚染土壌」という言葉を土壌汚染対策法の要措置区域又は形質変更時要届出区域における基準不適合土の意味で、「基準不適合土」という言葉をそれらの区域外における基準不適合土の意味で使い分けました。）。

なお、埋立て由来の汚染土壌又は基準不適合土も同様の問題を有しています。

2　2017年（平成29年）改正の内容

2017年（平成29年）改正により、一つの自然由来等形質変更時要届出区域（以下「出し地」といいます。）から他の自然由来等形質変更時要届出区域（以下「受け地」といいます。）への自然由来等（自然由来又は埋立て由来）の汚染土壌の移動が事前届出を行うことで認められるようになりました（法18①）。この改正の内容については、**第1編第1章第2の「2　2017年（平成29年）改正」**で説明したとおりですが、必要な要件を全て満たすか慎重な検討が必要です。ここでは、この移動は、あくまでも形質変更時要届出区域として指定された区域間の自然由来等汚染土壌の移動であることについて、少し詳しく説明します。

そもそも、濃度基準を超過した汚染土壌が見つかったというだけでは形質変更時要届出区域には指定されません。土壌汚染対策法上汚染調査が義務付けられた調査で汚染土壌が判明することが原則です。ただし、自主調査結果の自主申告（法14①）により、濃度基準の要件を満たせば、要措置区域又は形質変更時要届出区域を指定することになりますので、このルートで形質変更時要届出区域に指定されることもあります。

問題は、自然由来等形質変更時要届出区域として、その土壌汚染が「専ら自然又は専ら当該土地の造成に係る水面埋立てに用いられた土砂に由来する」と都道府県知事が判断して（法18②）、「自然由来等」という修飾語付きの形質変更時要届出区域に指定することが期待できるのかという点です。

分かりづらいのですが、形質変更時要届出区域には、一般の「形質変更時要届出区域」のほかに、特別バージョンの「自然由来特例区域」（規58⑤十）、「埋立地特例区域」（規58⑤十一）、「埋立地管理区域」（規58⑤十二）、「臨海部特例区域」（規58⑤十三）というものがあります。このうち、臨海部特例区域は、2017年（平成29年）改正で新しく導入されたものです。これらと、ここで「出し地」となり得る、又は「受け地」となり得る、形質変更時要届出区域とはどう違うのかという問題があります。特別扱いを受ける「出し地」や「受け地」となるには、上記のとおり、いずれも「自然由来等形質変更時要届出区域」でなければなりません（法18①二）。ここで、「自然由来等」という修飾語がついていること、その修飾語がつく形質変更時要届出区域は、法18条2項とその土壌汚染対策法施行規則65条の4に該当する必要があることに注意が必要です。この土壌汚染対策法施行規則65条の4を読むと、同条1号又は2号の要件を満たす土地は、「自然由来特例区域」に該当する可能性のあるものか「埋立地特例区域」に該当する可能性のあるものに限られそうです。条文上は、「自然由来特例区域」又は「埋立地特例区域」として指定されていることは要件ではないのですが、このどちらかに指定された区域で更に一定の要件を満たせば、処分場に運ばずに、汚染土壌を、「出し地」から「受け地」へと運ぶことができるのが基本型であると理解した方が分かりやすいように思われます。いずれにしても、人為的汚染ではないという判断をすることが必要になり、都道府県知事がその判断を積極的に行わなければ、自然由来又は埋立て由来の汚染土壌を処分場に運ばなくてもよい場合を創設した2017年（平成29年）改正の目的が達成されません。

なお、2017年（平成29年）改正は、自主調査に直ちに影響を及ぼすものではありません。自主調査の結果が自主的に申告された場合のみ、影響を及ぼすものです。したがって、自主調査の結果、自然由来と思われる基準不適合土が判明しても、直ちにその基準不適合土を他の土地に運んで活用するということを容易にするものではありません。建設工事で判明した自然由来と思われる基準不適合土については速やかな残土処分が必要なことが多いでしょうから、自然由来等形質変更時要届出区域と認定してもらうという迂遠な対応は現実的ではない場合も多いと思われます。

３　2019年（平成31年）の汚染土壌処理業に関する省令改正

自然由来等（すなわち、自然由来又は埋立て由来）の汚染土壌の処分方法として、汚染土壌処理施設として、自然由来等土壌利用施設を開設し、そこにこれらの土を運び込むという方法も、2019年（平成31年）4月1日施行の汚染土壌処理業に関する省令の改正で認められました。この施設にも2種類があり、一つは、自然由来等土壌構造物利用施設です（汚染土壌省令1五イ）。これは、自然由来等土壌を土木構造物盛土の材料その他の材料として利用するための施設として都道府県知事が認めたものです。今一つは、自然由来等土壌海面埋立施設です（汚染土壌省令1五ロ）。これは、自然由来等土壌の公有水面埋立法による公有水面の埋立てを行うための施設です。

これらの施設によって自然由来等土壌を処理するためには、同省令に詳細を定める各種要件を満たして、都道府県知事の許可を受けなければなりません（法22）。

以上をご理解の上で、事業の展開を検討される必要があります。

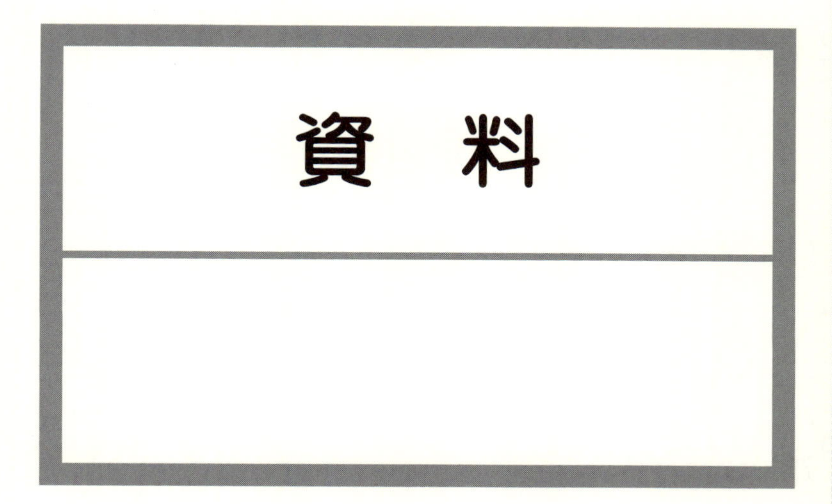

資　料

○土壌汚染対策法

（平成14年５月29日
法 律 第 53 号）

最終改正　平成29年６月２日法律第45号
（8条2項は未施行（平29法45）
につき、該当条文末尾参照）

目　次

第１章　総　則

（目的）

第１条　この法律は、土壌の特定有害物質による汚染の状況の把握に関する措置及びその汚染による人の健康に係る被害の防止に関する措置を定めること等により、土壌汚染対策の実施を図り、もって国民の健康を保護することを目的とする。

（定義）

第２条　この法律において「特定有害物質」とは、鉛、砒（ひ）素、トリクロロエチレンその他の物質（放射性物質を除く。）であって、それが土壌に含まれることに起因して人の健康に係る被害を生ずるおそれがあるものとして政令で定めるものをいう。

2　この法律において「土壌汚染状況調査」とは、次条第1項及び第8項、第4条第

2項及び第3項本文並びに第5条の土壌の特定有害物質による汚染の状況の調査をいう。

（平21法23・平29法33・一部改正）

第２章　土壌汚染状況調査

（使用が廃止された有害物質使用特定施設に係る工場又は事業場の敷地であった土地の調査）

第３条　使用が廃止された有害物質使用特定施設（水質汚濁防止法（昭和45年法律第138号）第2条第2項に規定する特定施設（第3項において単に「特定施設」という。）であって、同条第2項第1号に規定する物質（特定有害物質であるものに限る。）をその施設において製造し、使用し、又は処理するものをいう。以下同じ。）に係る工場又は事業場の敷地であった土地の所有者、管理者又は占有者（以下「所有者等」という。）であって、当該有害物質使用特定施設を設置していたもの又は第3項の規定により都道府県知事から通知を受けたものは、環境省令で定めるところにより、当該土地の土壌の特定有害物質による汚染の状況について、環境大臣又は都道府県知事が指定する者に環境省令で定める方法により調査させて、その結果を都道府県知事に報告しなければならない。ただし、環境省令で定めるところにより、当該土地について予定されている利用の方法からみて土壌の特定有害物質による汚染により人の健康に係る被害が生ずるおそれがない旨の都道府県知事の確認を受けたときは、この限りでない。

2　前項の指定は、2以上の都道府県の区域において土壌汚染状況調査及び第16条第1項の調査（以下「土壌汚染状況調査等」という。）を行おうとする者を指定する場合にあっては環境大臣が、1の都道府県の区域において土壌汚染状況調査等を行おうとする者を指定する場合にあっては都道府県知事がするものとする。

3　都道府県知事は、水質汚濁防止法第10条の規定による特定施設（有害物質使用特定施設であるものに限る。）の使用の廃止の届出を受けた場合その他有害物質使用特定施設の使用が廃止されたことを知った場合において、当該有害物質使用特定施設を設置していた者以外に当該土地の所有者等があるときは、環境省令で定めるところにより、当該土地の所有者等に対し、当該有害物質使用特定施設の使用が廃止された旨その他の環境省令で定める事項を通知するものとする。

4　都道府県知事は、第1項に規定する者が同項の規定による報告をせず、又は虚偽の報告をしたときは、政令で定めるところにより、その者に対し、その報告を行い、又はその報告の内容を是正すべきことを命ずることができる。

5　第1項ただし書の確認を受けた者は、当該確認に係る土地の利用の方法の変更をしようとするときは、環境省令で定めるところにより、あらかじめ、その旨を都道府県知事に届け出なければならない。
6　都道府県知事は、前項の届出を受けた場合において、当該変更後の土地の利用の方法からみて土壌の特定有害物質による汚染により人の健康に係る被害が生ずるおそれがないと認められないときは、当該確認を取り消すものとする。
7　第1項ただし書の確認に係る土地の所有者等は、当該確認に係る土地について、土地の掘削その他の土地の形質の変更（以下「土地の形質の変更」という。）をし、又はさせるときは、あらかじめ、環境省令で定めるところにより、当該土地の形質の変更の場所及び着手予定日その他環境省令で定める事項を都道府県知事に届け出なければならない。ただし、次に掲げる行為については、この限りでない。
一　軽易な行為その他の行為であって、環境省令で定めるもの
二　非常災害のために必要な応急措置として行う行為
8　都道府県知事は、前項の規定による届出を受けた場合は、環境省令で定めるところにより、当該土地の土壌の特定有害物質による汚染の状況について、当該土地の所有者等に対し、第1項の環境大臣又は都道府県知事が指定する者（以下「指定調査機関」という。）に同項の環境省令で定める方法により調査させて、その結果を都道府県知事に報告すべき旨を命ずるものとする。
（平21法23・平26法51・平29法33・一部改正）
（土壌汚染のおそれがある土地の形質の変更が行われる場合の調査）
第4条　土地の形質の変更であって、その対象となる土地の面積が環境省令で定める規模以上のものをしようとする者は、当該土地の形質の変更に着手する日の30日前までに、環境省令で定めるところにより、当該土地の形質の変更の場所及び着手予定日その他環境省令で定める事項を都道府県知事に届け出なければならない。ただし、次に掲げる行為については、この限りでない。
一　前条第1項ただし書の確認に係る土地についての土地の形質の変更
二　軽易な行為その他の行為であって、環境省令で定めるもの
三　非常災害のために必要な応急措置として行う行為
2　前項に規定する者は、環境省令で定めるところにより、当該土地の所有者等の全員の同意を得て、当該土地の土壌の特定有害物質による汚染の状況について、指定調査機関に前条第1項の環境省令で定める方法により調査させて、前項の規定による土地の形質の変更の届出に併せて、その結果を都道府県知事に提出することができる。
3　都道府県知事は、第1項の規定による土地の形質の変更の届出を受けた場合

において、当該土地が特定有害物質によって汚染されているおそれがあるものとして環境省令で定める基準に該当すると認めるときは、環境省令で定めるところにより、当該土地の土壌の特定有害物質による汚染の状況について、当該土地の所有者等に対し、指定調査機関に前条第1項の環境省令で定める方法により調査させて、その結果を報告すべきことを命ずることができる。ただし、前項の規定により当該土地の土壌汚染状況調査の結果の提出があった場合は、この限りでない。

（平21法23・追加、平26法51・平29法33・一部改正）

（土壌汚染による健康被害が生ずるおそれがある土地の調査）

第５条　都道府県知事は、第3条第1項本文及び第8項並びに前条第2項及び第3項本文に規定するもののほか、土壌の特定有害物質による汚染により人の健康に係る被害が生ずるおそれがあるものとして政令で定める基準に該当する土地があると認めるときは、政令で定めるところにより、当該土地の土壌の特定有害物質による汚染の状況について、当該土地の所有者等に対し、指定調査機関に第3条第1項の環境省令で定める方法により調査させて、その結果を報告すべきことを命ずることができる。

2　都道府県知事は、前項の土壌の特定有害物質による汚染の状況の調査及びその結果の報告（以下この項において「調査等」という。）を命じようとする場合において、過失がなくて当該調査等を命ずべき者を確知することができず、かつ、これを放置することが著しく公益に反すると認められるときは、その者の負担において、当該調査を自ら行うことができる。この場合において、相当の期限を定めて、当該調査等をすべき旨及びその期限までに当該調査等をしないときは、当該調査を自ら行う旨を、あらかじめ、公告しなければならない。

（平21法23・一部改正・旧第4条繰下、平29法33・一部改正）

第３章　区域の指定等

第１節　要措置区域

（要措置区域の指定等）

第６条　都道府県知事は、土地が次の各号のいずれにも該当すると認める場合には、当該土地の区域を、その土地が特定有害物質によって汚染されており、当該汚染による人の健康に係る被害を防止するため当該汚染の除去、当該汚染の拡散の防止その他の措置（以下「汚染の除去等の措置」という。）を講ずることが必要な区域として指定するものとする。

一　土壌汚染状況調査の結果、当該土地の土壌の特定有害物質による汚染状態が環境省令で定める基準に適合しないこと。

二　土壌の特定有害物質による汚染により、人の健康に係る被害が生じ、又は生ずるおそれがあるものとして政令で定める基準に該当すること。

2　都道府県知事は、前項の指定をするときは、環境省令で定めるところにより、その旨を公示しなければならない。

3　第1項の指定は、前項の公示によってその効力を生ずる。

4　都道府県知事は、汚染の除去等の措置により、第1項の指定に係る区域（以下「要措置区域」という。）の全部又は一部について同項の指定の事由がなくなったと認めるときは、当該要措置区域の全部又は一部について同項の指定を解除するものとする。

5　第2項及び第3項の規定は、前項の解除について準用する。

（平21法23・一部改正・旧第5条繰下）

（汚染除去等計画の提出等）

第7条　都道府県知事は、前条第1項の指定をしたときは、環境省令で定めるところにより、当該汚染による人の健康に係る被害を防止するため必要な限度において、要措置区域内の土地の所有者等に対し、当該要措置区域内において講ずべき汚染の除去等の措置及びその理由、当該措置を講ずべき期限その他環境省令で定める事項を示して、次に掲げる事項を記載した計画（以下「汚染除去等計画」という。）を作成し、これを都道府県知事に提出すべきことを指示するものとする。ただし、当該土地の所有者等以外の者の行為によって当該土地の土壌の特定有害物質による汚染が生じたことが明らかな場合であって、その行為をした者（相続、合併又は分割によりその地位を承継した者を含む。以下この項及び次条において同じ。）に汚染の除去等の措置を講じさせることが相当であると認められ、かつ、これを講じさせることについて当該土地の所有者等に異議がないときは、環境省令で定めるところにより、その行為をした者に対し、指示するものとする。

一　都道府県知事により示された汚染の除去等の措置（次条第1項において「指示措置」という。）及びこれと同等以上の効果を有すると認められる汚染の除去等の措置として環境省令で定めるもののうち、当該土地の所有者等（この項ただし書に規定するときにあっては、同項ただし書の規定により都道府県知事から指示を受けた者）が講じようとする措置（以下「実施措置」という。）

二　実施措置の着手予定時期及び完了予定時期

三　その他環境省令で定める事項

2　都道府県知事は、前項の規定により都道府県知事から指示を受けた者が汚染除去等計画を提出しないときは、その者に対し、汚染除去等計画を提出すべきことを命ずることができる。

3　汚染除去等計画の提出をした者は、第1項各号に掲げる事項の変更（環境省令で定める軽微な変更を除く。）をしたときは、環境省令で定めるところにより、変更後の汚染除去等計画を都道府県知事に提出しなければならない。

4　都道府県知事は、汚染除去等計画（汚染除去等計画の変更があったときは、その変更後のもの。以下この項から第9項まで、第9条第1号及び第10条において同じ。）の提出があった場合において、当該汚染除去等計画に記載された実施措置が環境省令で定める技術的基準（次項において「技術的基準」という。）に適合していないと認めるときは、その提出があった日から起算して30日以内に限り、当該提出をした者に対し、その変更を命ずることができる。

5　都道府県知事は、汚染除去等計画の提出があった場合において、当該汚染除去等計画に記載された実施措置が技術的基準に適合していると認めるときは、前項に規定する期間を短縮することができる。この場合においては、当該提出をした者に対し、遅滞なく、短縮後の期間を通知しなければならない。

6　汚染除去等計画の提出をした者は、第4項に規定する期間（前項の規定による通知があったときは、その通知に係る期間）を経過した後でなければ、実施措置を講じてはならない。

7　汚染除去等計画の提出をした者は、当該汚染除去等計画に従って実施措置を講じなければならない。

8　都道府県知事は、汚染除去等計画の提出をした者が当該汚染除去等計画に従って実施措置を講じていないと認めるときは、その者に対し、当該実施措置を講ずべきことを命ずることができる。

9　汚染除去等計画の提出をした者は、当該汚染除去等計画に記載された実施措置を講じたときは、環境省令で定めるところにより、その旨を都道府県知事に報告しなければならない。

10　都道府県知事は、第1項の規定により指示をしようとする場合において、過失がなくて当該指示を受けるべき者を確知することができず、かつ、これを放置することが著しく公益に反すると認められるときは、その者の負担において、当該要措置区域内の土地において講ずべき汚染の除去等の措置を自ら講ずることができる。この場合において、相当の期限を定めて、汚染除去等計画を作成し、これを都道府県知事に提出した上で、当該汚染除去等計画に従って実施措置を講ずべき旨及びその期限までに当該実施措置を講じないときは、当該汚染の除去等の措置を自ら講ずる旨を、あらかじめ、公告しなければならない。

（平29法33・全改）

（汚染除去等計画の作成等に要した費用の請求）

第8条　前条第一項本文の規定により都道府県知事から指示を受けた土地の所有

者等は、当該土地において実施措置を講じた場合において、当該土地の土壌の特定有害物質による汚染が当該土地の所有者等以外の者の行為によるものであるときは、その行為をした者に対し、当該実施措置に係る汚染除去等計画の作成及び変更並びに当該実施措置に要した費用について、指示措置に係る汚染除去等計画の作成及び変更並びに指示措置に要する費用の額の限度において、請求することができる。ただし、その行為をした者が既に当該指示措置又は当該指示措置に係る前条第1項第1号に規定する環境省令で定める汚染の除去等の措置（以下この項において「指示措置等」という。）に係る汚染除去等計画の作成及び変更並びに指示措置等に要する費用を負担し、又は負担したものとみなされるときは、この限りでない。

2　前項に規定する請求権は、当該実施措置を講じ、かつ、その行為をした者を知った時から3年間行わないときは、時効によって消滅する。当該実施措置を講じた時から20年を経過したときも、同様とする。

（平21法23・平29法33・一部改正）

〔未施行〕　次の改正規定は、平成29年6月2日法律第45号による改正後の規定である（令和2年4月1日から施行）。なお、下線部分は、改正箇所を示す。

（汚染除去等計画の作成等に要した費用の請求）

第８条　前条第1項本文の規定により都道府県知事から指示を受けた土地の所有者等は、当該土地において実施措置を講じた場合において、当該土地の土壌の特定有害物質による汚染が当該土地の所有者等以外の者の行為によるものであるときは、その行為をした者に対し、当該実施措置に係る汚染除去等計画の作成及び変更並びに当該実施措置に要した費用について、指示措置に係る汚染除去等計画の作成及び変更並びに指示措置に要する費用の額の限度において、請求することができる。ただし、その行為をした者が既に当該指示措置又は当該指示措置に係る前条第1項第1号に規定する環境省令で定める汚染の除去等の措置（以下この項において「指示措置等」という。）に係る汚染除去等計画の作成及び変更並びに指示措置等に要する費用を負担し、又は負担したものとみなされるときは、この限りでない。

2　前項に規定する請求権は、次に掲げる場合には、時効によって消滅する。

一　当該実施措置を講じ、かつ、その行為をした者を知った時から3年間行使しないとき。

二　当該実施措置を講じた時から20年を経過したとき。

（平21法23・平29法33・平29法45・一部改正）

（要措置区域内における土地の形質の変更の禁止）

第９条　要措置区域内においては、何人も、土地の形質の変更をしてはならない。ただし、次に掲げる行為については、この限りでない。

一　第7条第1項の規定により都道府県知事から指示を受けた者が汚染除去等計画に基づく実施措置として行う行為

二　通常の管理行為、軽易な行為その他の行為であって、環境省令で定めるもの

三　非常災害のために必要な応急措置として行う行為

（平21法23・追加、平29法33・一部改正）

（適用除外）

第10条　第3条第7項及び第4条第1項の規定は、第7条第1項の規定により都道府県知事から指示を受けた者が汚染除去等計画に基づく実施措置として行う行為については、適用しない。

（平21法23・追加、平29法33・一部改正）

第２節　形質変更時要届出区域

（形質変更時要届出区域の指定等）

第11条　都道府県知事は、土地が第6条第1項第1号に該当し、同項第2号に該当しないと認める場合には、当該土地の区域を、その土地が特定有害物質によって汚染されており、当該土地の形質の変更をしようとするときの届出をしなければならない区域として指定するものとする。

2　都道府県知事は、土壌の特定有害物質による汚染の除去により、前項の指定に係る区域（以下「形質変更時要届出区域」という。）の全部又は一部について同項の指定の事由がなくなったと認めるときは、当該形質変更時要届出区域の全部又は一部について同項の指定を解除するものとする。

3　第6条第2項及び第3項の規定は、第1項の指定及び前項の解除について準用する。

4　形質変更時要届出区域の全部又は一部について、第6条第1項の規定による指定がされた場合においては、当該形質変更時要届出区域の全部又は一部について第1項の指定が解除されたものとする。この場合において、同条第2項の規定による指定の公示をしたときは、前項において準用する同条第2項の規定による解除の公示をしたものとみなす。

（平21法23・追加）

（形質変更時要届出区域内における土地の形質の変更の届出及び計画変更命令）

第12条　形質変更時要届出区域内において土地の形質の変更をしようとする者は、当該土地の形質の変更に着手する日の14日前までに、環境省令で定めるところにより、当該土地の形質の変更の種類、場所、施行方法及び着手予定日その他環境省令で定める事項を都道府県知事に届け出なければならない。ただし、次に掲げる行為については、この限りでない。

一　土地の形質の変更の施行及び管理に関する方針（環境省令で定めるところにより、環境省令で定める基準に適合する旨の都道府県知事の確認を受けたものに限る。）に基づく次のいずれにも該当する土地の形質の変更

イ　土地の土壌の特定有害物質による汚染が専ら自然又は専ら土地の造成に係る水面埋立てに用いられた土砂に由来するものとして環境省令で定める要件に該当する土地における土地の形質の変更

ロ　人の健康に係る被害が生ずるおそれがないものとして環境省令で定める要件に該当する土地の形質の変更

二　通常の管理行為、軽易な行為その他の行為であって、環境省令で定めるもの

三　形質変更時要届出区域が指定された際既に着手していた行為

四　非常災害のために必要な応急措置として行う行為

2　形質変更時要届出区域が指定された際当該形質変更時要届出区域内において既に土地の形質の変更に着手している者は、その指定の日から起算して14日以内に、環境省令で定めるところにより、都道府県知事にその旨を届け出なければならない。

3　形質変更時要届出区域内において非常災害のために必要な応急措置として土地の形質の変更をした者は、当該土地の形質の変更をした日から起算して14日以内に、環境省令で定めるところにより、都道府県知事にその旨を届け出なければならない。

4　第1項第1号の土地の形質の変更をした者は、環境省令で定めるところにより、環境省令で定める期間ごとに、当該期間中において行った当該土地の形質の変更の種類、場所その他環境省令で定める事項を都道府県知事に届け出なければならない。

5　都道府県知事は、第1項の届出を受けた場合において、その届出に係る土地の形質の変更の施行方法が環境省令で定める基準に適合しないと認めるときは、その届出を受けた日から14日以内に限り、その届出をした者に対し、その届出に係る土地の形質の変更の施行方法に関する計画の変更を命ずることができる。

（平21法23・一部改正・旧第9条繰下、平29法33・一部改正）

（適用除外）

第13条　第3条第7項及び第4条第1項の規定は、形質変更時要届出区域内における土地の形質の変更については、適用しない。

（平21法23・追加、平29法33・一部改正）

第3節　雑　則

（指定の申請）

第14条　土地の所有者等は、第3条第1項本文及び第8項、第4条第3項本文並びに第5条第1項の規定の適用を受けない土地（第4条第2項の規定による土壌汚染状況調査の結果の提出があった土地を除く。）の土壌の特定有害物質による汚染の状況について調査した結果、当該土地の土壌の特定有害物質による汚染状態が第6条第1項第1号の環境省令で定める基準に適合しないと思料するときは、環境省令で定めるところにより、都道府県知事に対し、当該土地の区域について同項又は第11条第1項の規定による指定をすることを申請することができる。この場合において、当該土地に当該申請に係る所有者等以外の所有者等がいるときは、あらかじめ、その全員の合意を得なければならない。

2　前項の申請をする者は、環境省令で定めるところにより、同項の申請に係る土地の土壌の特定有害物質による汚染の状況の調査（以下この条において「申請に係る調査」という。）の方法及び結果その他環境省令で定める事項を記載した申請書に、環境省令で定める書類を添付して、これを都道府県知事に提出しなければならない。

3　都道府県知事は、第1項の申請があった場合において、申請に係る調査が公正に、かつ、第3条第1項の環境省令で定める方法により行われたものであると認めるときは、当該申請に係る土地の区域について、第6条第1項又は第11条第1項の規定による指定をすることができる。この場合において、当該申請に係る調査は、土壌汚染状況調査とみなす。

4　都道府県知事は、第1項の申請があった場合において、必要があると認めるときは、当該申請をした者に対し、申請に係る調査に関し報告若しくは資料の提出を求め、又はその職員に、当該申請に係る土地に立ち入り、当該申請に係る調査の実施状況を検査させることができる。

（平21法23・追加、平29法33・一部改正）

（台帳）

第15条　都道府県知事は、要措置区域の台帳、形質変更時要届出区域の台帳、第6条第4項の規定により同条第1項の指定が解除された要措置区域の台帳及び第11条第2項の規定により同条第1項の指定が解除された形質変更時要届出区域の台帳（以下この条において「台帳」という。）を調製し、これを保管しなければならない。

2　台帳の記載事項その他その調製及び保管に関し必要な事項は、環境省令で定める。

3　都道府県知事は、台帳の閲覧を求められたときは、正当な理由がなければ、これを拒むことができない。

（平21法23・追加、平29法33・一部改正）

第４章　汚染土壌の搬出等に関する規制

第１節　汚染土壌の搬出時の措置

（汚染土壌の搬出時の届出及び計画変更命令）

第16条　要措置区域又は形質変更時要届出区域（以下「要措置区域等」という。）内の土地の土壌（指定調査機関が環境省令で定める方法により調査した結果、特定有害物質による汚染状態が第6条第1項第1号の環境省令で定める基準に適合すると都道府県知事が認めたものを除く。以下「汚染土壌」という。）を当該要措置区域等外へ搬出しようとする者（その委託を受けて当該汚染土壌の運搬のみを行おうとする者を除く。）は、当該汚染土壌の搬出に着手する日の14日前までに、環境省令で定めるところにより、次に掲げる事項を都道府県知事に届け出なければならない。ただし、非常災害のために必要な応急措置として当該搬出を行う場合及び汚染土壌を試験研究の用に供するために当該搬出を行う場合は、この限りでない。

一　当該汚染土壌の特定有害物質による汚染状態

二　当該汚染土壌の体積

三　当該汚染土壌の運搬の方法

四　当該汚染土壌を運搬する者の氏名又は名称

五　当該汚染土壌を処理する場合にあっては、当該汚染土壌を処理する者の氏名又は名称

六　当該汚染土壌を処理する場合にあっては、当該汚染土壌を処理する施設の所在地

七　当該汚染土壌を第18条第1項第2号に規定する土地の形質の変更に使用する場合にあっては、当該土地の形質の変更をする形質変更時要届出区域の所在地

八　当該汚染土壌を第18条第1項第3号に規定する土地の形質の変更に使用する場合にあっては、当該土地の形質の変更をする要措置区域等の所在地

九　当該汚染土壌の搬出の着手予定日

十　その他環境省令で定める事項

2　前項の規定による届出をした者は、その届出に係る事項を変更しようとするときは、その届出に係る行為に着手する日の14日前までに、環境省令で定めるところにより、その旨を都道府県知事に届け出なければならない。

3　非常災害のために必要な応急措置として汚染土壌を当該要措置区域等外へ搬

出した者は、当該汚染土壌を搬出した日から起算して14日以内に、環境省令で定めるところにより、都道府県知事にその旨を届け出なければならない。

4　都道府県知事は、第1項又は第2項の届出があった場合において、次の各号のいずれかに該当すると認めるときは、その届出を受けた日から14日以内に限り、その届出をした者に対し、当該各号に定める措置を講ずべきことを命ずることができる。

一　運搬の方法が次条の環境省令で定める汚染土壌の運搬に関する基準に違反している場合　当該汚染土壌の運搬の方法を変更すること。

二　第18条第1項の規定に違反して当該汚染土壌の処理を第22条第1項の許可を受けた者（以下「汚染土壌処理業者」という。）に委託しない場合　当該汚染土壌の処理を汚染土壌処理業者に委託すること。

（平21法23・追加、平29法33・一部改正）

（運搬に関する基準）

第17条　要措置区域等外において汚染土壌を運搬する者は、環境省令で定める汚染土壌の運搬に関する基準に従い、当該汚染土壌を運搬しなければならない。ただし、非常災害のために必要な応急措置として当該運搬を行う場合は、この限りでない。

（平21法23・追加）

（汚染土壌の処理の委託）

第18条　汚染土壌を当該要措置区域等外へ搬出する者（その委託を受けて当該汚染土壌の運搬のみを行う者を除く。）は、当該汚染土壌の処理を汚染土壌処理業者に委託しなければならない。ただし、次に掲げる場合は、この限りでない。

一　汚染土壌を当該要措置区域等外へ搬出する者が汚染土壌処理業者であって当該汚染土壌を自ら処理する場合

二　自然由来等形質変更時要届出区域内の自然由来等土壌を、次のいずれにも該当する他の自然由来等形質変更時要届出区域内の土地の形質の変更に自ら使用し、又は他人に使用させるために搬出を行う場合

イ　当該自然由来等形質変更時要届出区域と土壌の特定有害物質による汚染の状況が同様であるとして環境省令に定める基準に該当する自然由来等形質変更時要届出区域

ロ　当該自然由来等土壌があった土地の地質と同じであるとして環境省令に定める基準に該当する自然由来等形質変更時要届出区域

三　1の土壌汚染状況調査の結果に基づき指定された複数の要措置区域等の間において、1の要措置区域から搬出された汚染土壌を他の要措置区域内の土地の形質の変更に、又は1の形質変更時要届出区域から搬出された汚染土壌

を他の形質変更時要届出区域内の土地の形質の変更に自ら使用し、又は他人に使用させるために搬出を行う場合

四　非常災害のために必要な応急措置として当該搬出を行う場合

五　汚染土壌を試験研究の用に供するために当該搬出を行う場合

2　前項第2号の「自然由来等形質変更時要届出区域」とは、形質変更時要届出区域のうち、土壌汚染状況調査の結果、当該土地の土壌の特定有害物質による汚染が専ら自然又は専ら当該土地の造成に係る水面埋立てに用いられた土砂に由来するものとして、環境省令で定める要件に該当する土地の区域をいい、同号の「自然由来等土壌」とは、当該区域内の汚染土壌をいう。

3　第1項本文の規定は、非常災害のために必要な応急措置として汚染土壌を当該要措置区域等外へ搬出した者について準用する。ただし、当該搬出をした者が汚染土壌処理業者であって当該汚染土壌を自ら処理する場合は、この限りでない。

（平21法23・追加、平29法33・一部改正）

（措置命令）

第19条　都道府県知事は、次の各号のいずれかに該当する場合において、汚染土壌の特定有害物質による汚染の拡散の防止のため必要があると認めるときは、当該各号に定める者に対し、相当の期限を定めて、当該汚染土壌の適正な運搬及び処理のための措置その他必要な措置を講ずべきことを命ずることができる。

一　第17条の規定に違反して当該汚染土壌を運搬した場合　当該運搬を行った者

二　前条第1項（同条第3項において準用する場合を含む。）の規定に違反して当該汚染土壌の処理を汚染土壌処理業者に委託しなかった場合　当該汚染土壌を当該要措置区域等外へ搬出した者（その委託を受けて当該汚染土壌の運搬のみを行った者を除く。）

（平21法23・追加、平29法33・一部改正）

（管理票）

第20条　汚染土壌を当該要措置区域等外へ搬出する者は、その汚染土壌の運搬又は処理を他人に委託する場合には、環境省令で定めるところにより、当該委託に係る汚染土壌の引渡しと同時に当該汚染土壌の運搬を受託した者（当該委託が汚染土壌の処理のみに係るものである場合にあっては、その処理を受託した者）に対し、当該委託に係る汚染土壌の特定有害物質による汚染状態及び体積、運搬又は処理を受託した者の氏名又は名称その他環境省令で定める事項を記載した管理票を交付しなければならない。ただし、非常災害のために必要な応急

措置として当該搬出を行う場合及び汚染土壌を試験研究の用に供するために当該搬出を行う場合は、この限りでない。

2　前項本文の規定は、非常災害のために必要な応急措置として汚染土壌を当該要措置区域等外へ搬出した者について準用する。

3　汚染土壌の運搬を受託した者（以下「運搬受託者」という。）は、当該運搬を終了したときは、第1項（前項において準用する場合を含む。以下この項及び次項において同じ。）の規定により交付された管理票に環境省令で定める事項を記載し、環境省令で定める期間内に、第1項の規定により管理票を交付した者（以下この条において「管理票交付者」という。）に当該管理票の写しを送付しなければならない。この場合において、当該汚染土壌について処理を委託された者があるときは、当該処理を委託された者に管理票を回付しなければならない。

4　汚染土壌の処理を受託した者（以下「処理受託者」という。）は、当該処理を終了したときは、第1項の規定により交付された管理票又は前項後段の規定により回付された管理票に環境省令で定める事項を記載し、環境省令で定める期間内に、当該処理を委託した管理票交付者に当該管理票の写しを送付しなければならない。この場合において、当該管理票が同項後段の規定により回付されたものであるときは、当該回付をした者にも当該管理票の写しを送付しなければならない。

5　管理票交付者は、前2項の規定による管理票の写しの送付を受けたときは、当該運搬又は処理が終了したことを当該管理票の写しにより確認し、かつ、当該管理票の写しを当該送付を受けた日から環境省令で定める期間保存しなければならない。

6　管理票交付者は、環境省令で定める期間内に、第3項又は第4項の規定による管理票の写しの送付を受けないとき、又はこれらの規定に規定する事項が記載されていない管理票の写し若しくは虚偽の記載のある管理票の写しの送付を受けたときは、速やかに当該委託に係る汚染土壌の運搬又は処理の状況を把握し、その結果を都道府県知事に届け出なければならない。

7　運搬受託者は、第3項前段の規定により管理票の写しを送付したとき（同項後段の規定により管理票を回付したときを除く。）は当該管理票を当該送付の日から、第4項後段の規定による管理票の写しの送付を受けたときは当該管理票の写しを当該送付を受けた日から、それぞれ環境省令で定める期間保存しなければならない。

8　処理受託者は、第4項前段の規定により管理票の写しを送付したときは、当該管理票を当該送付の日から環境省令で定める期間保存しなければならない。

9　前各項の規定は、汚染土壌を他人に第18条第1項第2号又は第3号に規定する土地の形質の変更に使用させる場合について準用する。この場合において、第1項中「(当該委託が汚染土壌の処理のみに係るものである場合にあっては、その処理を受託した者)」とあるのは「(運搬を委託しない場合にあっては、当該汚染土壌を土地の形質の変更に使用する者)」と、「運搬又は処理を受託した者」とあるのは「運搬を受託した者又は土地の形質の変更に使用する者」と、第3項中「処理を委託された者」とあるのは「土地の形質の変更に使用する者」と、第4項中「の処理を受託した者（以下「処理受託者」という。)」とあるのは「を土地の形質の変更に使用する者（以下「土壌使用者」という。)」と、「処理を終了した」とあるのは「土地の形質の変更をした」と、「処理を委託した」とあるのは「土地の形質の変更に使用させた」と、第5項中「運搬又は処理が終了した」とあるのは「運搬が終了し、又は土地の形質の変更が行われた」と、第6項中「委託に係る汚染土壌の運搬又は処理」とあるのは「運搬又は土地の形質の変更」と、前項中「処理受託者」とあるのは「土壌使用者」と読み替えるものとする。

（平21法23・追加、平29法33・一部改正）

（虚偽の管理票の交付等の禁止）

第21条　何人も、汚染土壌の運搬を受託していないにもかかわらず、前条第3項(同条第9項において準用する場合を含む。）に規定する事項について虚偽の記載をして管理票を交付してはならない。

2　何人も、汚染土壌の処理を受託していない又は汚染土壌を土地の形質の変更に使用しないにもかかわらず、前条第4項（同条第9項において準用する場合を含む。）に規定する事項について虚偽の記載をして管理票を交付してはならない。

3　運搬受託者、処理受託者又は汚染土壌を第18条第1項第2号若しくは第3号に規定する土地の形質の変更に使用する者は、受託した汚染土壌の運搬若しくは処理を終了していない又は汚染土壌を土地の形質の変更に使用していないにもかかわらず、前条第3項又は第4項（これらの規定を同条第9項において準用する場合を含む。）の送付をしてはならない。

（平21法23・追加、平29法33・一部改正）

第２節　汚染土壌処理業

（汚染土壌処理業）

第22条　汚染土壌の処理（当該要措置区域等内における処理を除く。）を業として行おうとする者は、環境省令で定めるところにより、汚染土壌の処理の事業の用に供する施設（以下「汚染土壌処理施設」という。）ごとに、当該汚染土壌処理施設の所在地を管轄する都道府県知事の許可を受けなければならない。

2　前項の許可を受けようとする者は、環境省令で定めるところにより、次に掲げる事項を記載した申請書を提出しなければならない。

一　氏名又は名称及び住所並びに法人にあっては、その代表者の氏名

二　汚染土壌処理施設の設置の場所

三　汚染土壌処理施設の種類、構造及び処理能力

四　汚染土壌処理施設において処理する汚染土壌の特定有害物質による汚染状態

五　その他環境省令で定める事項

3　都道府県知事は、第1項の許可の申請が次に掲げる基準に適合していると認めるときでなければ、同項の許可をしてはならない。

一　汚染土壌処理施設及び申請者の能力がその事業を的確に、かつ、継続して行うに足りるものとして環境省令で定める基準に適合するものであること。

二　申請者が次のいずれにも該当しないこと。

イ　この法律又はこの法律に基づく処分に違反し、刑に処せられ、その執行を終わり、又は執行を受けることがなくなった日から2年を経過しない者

ロ　第25条の規定により許可を取り消され、その取消しの日から2年を経過しない者

ハ　暴力団員による不当な行為の防止等に関する法律（平成3年法律第77号）第2条第6号に規定する暴力団員又は同号に規定する暴力団員でなくなった日から5年を経過しない者（トにおいて「暴力団員等」という。）

ニ　営業に関し成年者と同一の行為能力を有しない未成年者でその法定代理人がイ、ロ又はハのいずれかに該当するもの

ホ　法人でその役員又は政令で定める使用人のうちにイ、ロ又はハのいずれかに該当する者のあるもの

ヘ　個人で政令で定める使用人のうちにイ、ロ又はハのいずれかに該当する者のあるもの

ト　暴力団員等がその事業活動を支配する者

4　第1項の許可は、5年ごとにその更新を受けなければ、その期間の経過によって、その効力を失う。

5　第2項及び第3項の規定は、前項の更新について準用する。

6　汚染土壌処理業者は、環境省令で定める汚染土壌の処理に関する基準に従い、汚染土壌の処理を行わなければならない。

7　汚染土壌処理業者は、汚染土壌の処理を他人に委託してはならない。

8　汚染土壌処理業者は、環境省令で定めるところにより、当該許可に係る汚染土壌処理施設ごとに、当該汚染土壌処理施設において行った汚染土壌の処理に関し環境省令で定める事項を記録し、これを当該汚染土壌処理施設（当該汚染

土壌処理施設に備え置くことが困難である場合にあっては、当該汚染土壌処理業者の最寄りの事務所）に備え置き、当該汚染土壌の処理に関し利害関係を有する者の求めに応じ、閲覧させなければならない。

9　汚染土壌処理業者は、その設置する当該許可に係る汚染土壌処理施設において破損その他の事故が発生し、当該汚染土壌処理施設において処理する汚染土壌又は当該処理に伴って生じた汚水若しくは気体が飛散し、流出し、地下に浸透し、又は発散したときは、直ちに、その旨を都道府県知事に届け出なければならない。

（平21法23・追加、平29法33・一部改正）

（変更の許可等）

第23条　汚染土壌処理業者は、当該許可に係る前条第2項第3号又は第4号に掲げる事項の変更をしようとするときは、環境省令で定めるところにより、都道府県知事の許可を受けなければならない。ただし、その変更が環境省令で定める軽微な変更であるときは、この限りでない。

2　前条第3項の規定は、前項の許可について準用する。

3　汚染土壌処理業者は、第1項ただし書の環境省令で定める軽微な変更をしたとき、又は前条第2項第1号に掲げる事項その他環境省令で定める事項に変更があったときは、環境省令で定めるところにより、遅滞なく、その旨を都道府県知事に届け出なければならない。

4　汚染土壌処理業者は、その汚染土壌の処理の事業の全部若しくは一部を休止し、若しくは廃止し、又は休止した当該汚染土壌の処理の事業を再開しようとするときは、環境省令で定めるところにより、あらかじめ、その旨を都道府県知事に届け出なければならない。

（平21法23・追加）

（改善命令）

第24条　都道府県知事は、汚染土壌処理業者により第22条第6項の環境省令で定める汚染土壌の処理に関する基準に適合しない汚染土壌の処理が行われたと認めるときは、当該汚染土壌処理業者に対し、相当の期限を定めて、当該汚染土壌の処理の方法の変更その他必要な措置を講ずべきことを命ずることができる。

（平21法23・追加）

（許可の取消し等）

第25条　都道府県知事は、汚染土壌処理業者が次の各号のいずれかに該当するときは、その許可を取り消し、又は1年以内の期間を定めてその事業の全部若しくは一部の停止を命ずることができる。

一　第22条第3項第2号イ又はハからトまでのいずれかに該当するに至ったとき。
二　汚染土壌処理施設又はその者の能力が第22条第3項第1号の環境省令で定める基準に適合しなくなったとき。
三　この章の規定又は当該規定に基づく命令に違反したとき。
四　不正の手段により第22条第1項の許可（同条第4項の許可の更新を含む。）又は第23条第1項の変更の許可を受けたとき。

（平21法23・追加、平29法33・一部改正）

（名義貸しの禁止）

第26条　汚染土壌処理業者は、自己の名義をもって、他人に汚染土壌の処理を業として行わせてはならない。

（平21法23・追加）

（許可の取消し等の場合の措置義務）

第27条　汚染土壌の処理の事業を廃止し、又は第25条の規定により許可を取り消された汚染土壌処理業者は、環境省令で定めるところにより、当該廃止した事業の用に供した汚染土壌処理施設又は当該取り消された許可に係る汚染土壌処理施設の特定有害物質による汚染の拡散の防止その他必要な措置を講じなければならない。

2　都道府県知事は、前項に規定する汚染土壌処理施設の特定有害物質による汚染により、人の健康に係る被害が生じ、又は生ずるおそれがあると認めるときは、当該汚染土壌処理施設を汚染土壌の処理の事業の用に供した者に対し、相当の期限を定めて、当該汚染の除去、当該汚染の拡散の防止その他必要な措置を講ずべきことを命ずることができる。

（平21法23・追加）

（譲渡及び譲受）

第27条の２　汚染土壌処理業者が当該汚染土壌処理業を譲渡する場合において譲渡人及び譲受人が、その譲渡及び譲受について都道府県知事の承認を受けたときは、譲受人は、譲渡人の汚染土壌処理業者の地位を承継する。

2　第22条第3項の規定は、前項の承認について準用する。

（平29法33・追加）

（合併及び分割）

第27条の３　汚染土壌処理業者である法人の合併の場合（汚染土壌処理業者である法人と汚染土壌処理業者でない法人が合併する場合において、汚染土壌処理業者である法人が存続するときを除く。）又は分割の場合（当該汚染土壌処理業の全部を承継させる場合に限る。）において当該合併又は分割について都道府県知事の承認を受けたときは、合併後存続する法人若しくは合併により設立された法人又は分割により当該汚染土壌処理業の全部を承継した法人は、汚染土壌処理業者の地位を承継する。

2　第22条第3項の規定は、前項の承認について準用する。

（平29法33・追加）

（相続）

第27条の4　汚染土壌処理業者が死亡した場合において、相続人（相続人が2人以上ある場合において、その全員の同意により当該汚染土壌処理業を承継すべき相続人を選定したときは、その者。以下この項、次項及び第4項において同じ。）が当該汚染土壌処理業を引き続き行おうとするときは、その相続人は、被相続人の死亡後60日以内に都道府県知事に申請して、その承認を受けなければならない。

2　相続人が前項の承認の申請をした場合においては、被相続人の死亡の日からその承認を受ける日又は承認をしない旨の通知を受ける日までは、被相続人に対してした第22条第1項の許可は、その相続人に対してしたものとみなす。

3　第22条第3項（第2号ホに係る部分を除く。）の規定は、第1項の承認について準用する。

4　第1項の承認を受けた相続人は、被相続人に係る汚染土壌処理業者の地位を承継する。

（平29法33・追加）

（国等が行う汚染土壌の処理の特例）

第27条の5　国又は地方公共団体（港湾法（昭和25年法律第218号）第4条第1項の規定による港務局を含む。）（以下この条において「国等」という。）が行う汚染土壌の処理の事業についての第22条第1項の規定の適用については、当該国等が都道府県知事と協議し、その協議が成立することをもって、同項の規定による許可があったものとみなす。この場合において、この法律の規定の適用に当たっての技術的読替えその他この法律の規定の適用に関し必要な事項は、政令で定める。

（平29法33・追加）

（環境省令への委任）

第28条　この節に定めるもののほか、汚染土壌の処理の事業に関し必要な事項は、環境省令で定める。

（平21法23・追加）

第5章　指定調査機関

（指定の申請）

第29条　第3条第1項の指定は、環境省令で定めるところにより、土壌汚染状況調査等を行おうとする者の申請により行う。

（平21法23・一部改正・旧第10条繰下、平26法51・一部改正）

（欠格条項）

第30条　次の各号のいずれかに該当する者は、第3条第1項の指定を受けることができない。

一　この法律又はこの法律に基づく処分に違反し、刑に処せられ、その執行を終わり、又は執行を受けることがなくなった日から2年を経過しない者

二　第42条の規定により指定を取り消され、その取消しの日から2年を経過しない者

三　法人であって、その業務を行う役員のうちに前2号のいずれかに該当する者があるもの

（平21法23・一部改正・旧第11条繰下）

（指定の基準）

第31条　環境大臣又は都道府県知事は、第3条第1項の指定の申請が次の各号に適合していると認めるときでなければ、その指定をしてはならない。

一　土壌汚染状況調査等の業務を適確かつ円滑に遂行するに足りる経理的基礎及び技術的能力を有するものとして、環境省令で定める基準に適合するものであること。

二　法人にあっては、その役員又は法人の種類に応じて環境省令で定める構成員の構成が土壌汚染状況調査等の公正な実施に支障を及ぼすおそれがないものであること。

三　前号に定めるもののほか、土壌汚染状況調査等が不公正になるおそれがないものとして、環境省令で定める基準に適合するものであること。

（平21法23・一部改正・旧第12条繰下、平26法51・一部改正）

（指定の更新）

第32条　第3条第1項の指定は、5年ごとにその更新を受けなければ、その期間の経過によって、その効力を失う。

2　前3条の規定は、前項の指定の更新について準用する。

（平21法23・追加）

（技術管理者の設置）

第33条　指定調査機関は、土壌汚染状況調査等を行う土地における当該土壌汚染状況調査等の技術上の管理をつかさどる者で環境省令で定める基準に適合する

もの（次条において「技術管理者」という。）を選任しなければならない。

（平21法23・追加）

（技術管理者の職務）

第34条　指定調査機関は、土壌汚染状況調査等を行うときは、技術管理者に当該土壌汚染状況調査等に従事する他の者の監督をさせなければならない。ただし、技術管理者以外の者が当該土壌汚染状況調査等に従事しない場合は、この限りでない。

（平21法23・追加）

（変更の届出）

第35条　指定調査機関は、土壌汚染状況調査等を行う事業所の名称又は所在地その他環境省令で定める事項を変更したときは、環境省令で定めるところにより、遅滞なく、その旨をその指定をした環境大臣又は都道府県知事（以下この章において「環境大臣等」という。）に届け出なければならない。

（平21法23・一部改正・旧第13条繰下、平26法51・平29法33・一部改正）

（土壌汚染状況調査等の義務）

第36条　指定調査機関は、土壌汚染状況調査等を行うことを求められたときは、正当な理由がある場合を除き、遅滞なく、土壌汚染状況調査等を行わなければならない。

2　指定調査機関は、公正に、かつ、第3条第1項及び第16条第1項の環境省令で定める方法により土壌汚染状況調査等を行わなければならない。

3　環境大臣等は、前2項に規定する場合において、その指定に係る指定調査機関がその土壌汚染状況調査等を行わず、又はその方法が適当でないときは、当該指定調査機関に対し、その土壌汚染状況調査等を行い、又はその方法を改善すべきことを命ずることができる。

（平21法23・一部改正・旧第14条繰下、平26法51・一部改正）

（業務規程）

第37条　指定調査機関は、土壌汚染状況調査等の業務に関する規程（次項において「業務規程」という。）を定め、土壌汚染状況調査等の業務の開始前に、環境大臣等に届け出なければならない。これを変更しようとするときも、同様とする。

2　業務規程で定めるべき事項は、環境省令で定める。

（平21法23・一部改正・旧第15条繰下、平26法51・一部改正）

（帳簿の備付け等）

第38条　指定調査機関は、環境省令で定めるところにより、土壌汚染状況調査等の業務に関する事項で環境省令で定めるものを記載した帳簿を備え付け、これを保存しなければならない。

（平21法23・追加）

（適合命令）

第39条　環境大臣等は、その指定に係る指定調査機関が第31条各号のいずれかに適合しなくなったと認めるときは、当該指定調査機関に対し、これらの規定に適合するため必要な措置を講ずべきことを命ずることができる。

（平21法23・一部改正・旧第16条繰下、平26法51・一部改正）

（業務の廃止の届出）

第40条　指定調査機関は、土壌汚染状況調査等の業務を廃止したときは、環境省令で定めるところにより、遅滞なく、その旨を環境大臣等に届け出なければならない。

（平21法23・一部改正・旧第17条繰下、平26法51・一部改正）

（指定の失効）

第41条　指定調査機関が土壌汚染状況調査等の業務を廃止したときは、第3条第1項の指定は、その効力を失う。

（平21法23・一部改正・旧第18条繰下）

（指定の取消し）

第42条　環境大臣等は、その指定に係る指定調査機関が次の各号のいずれかに該当するときは、第3条第1項の指定を取り消すことができる。

一　第30条第1号又は第3号に該当するに至ったとき。

二　第33条、第35条、第37条第1項又は第38条の規定に違反したとき。

三　第36条第3項又は第39条の規定による命令に違反したとき。

四　不正の手段により第3条第1項の指定を受けたとき。

（平21法23・一部改正・旧第19条繰下、平26法51・一部改正）

（公示）

第43条　環境大臣等は、次に掲げる場合には、その旨を公示しなければならない。

一　第3条第1項の指定をしたとき。

二　第32条第1項の規定により第3条第1項の指定が効力を失ったとき、又は前条の規定により同項の指定を取り消したとき。

三　第35条（同条の環境省令で定める事項の変更に係るものを除く。）又は第40条の規定による届出を受けたとき。

（平21法23・追加、平26法51・一部改正）

第６章　指定支援法人

（指定）

第44条　環境大臣は、一般社団法人又は一般財団法人であって、次条に規定する業務（以下「支援業務」という。）を適正かつ確実に行うことができると認められるものを、その申請により、全国を通じて1個に限り、支援業務を行う者として指定することができる。

2　前項の指定を受けた者（以下「指定支援法人」という。）は、その名称、住所又は事務所の所在地を変更しようとするときは、あらかじめ、その旨を環境大臣に届け出なければならない。

（平18法50・一部改正、平21法23・一部改正・旧第20条繰下）

（業務）

第45条　指定支援法人は、次に掲げる業務を行うものとする。

一　要措置区域内の土地に係る汚染除去等計画の作成又は変更をし、当該汚染除去等計画に基づく実施措置を講ずる者に対して助成を行う地方公共団体に対し、政令で定めるところにより、助成金を交付すること。

二　次に掲げる事項について、照会及び相談に応じ、並びに必要な助言を行うこと。

イ　土壌汚染状況調査

ロ　要措置区域等内の土地に係る汚染除去等計画の作成及び変更並びに当該汚染除去等計画に基づく実施措置

ハ　形質変更時要届出区域内における土地の形質の変更

三　前号イからハまでに掲げる事項の適正かつ円滑な実施を推進するため、土壌の特定有害物質による汚染が人の健康に及ぼす影響に関し、知識を普及し、及び国民の理解を増進すること。

四　前3号に掲げる業務に附帯する業務を行うこと。

（平21法23・一部改正・旧第21条繰下、平29法33・一部改正）

（基金）

第46条　指定支援法人は、支援業務に関する基金（次条において単に「基金」という。）を設け、同条の規定により交付を受けた補助金と支援業務に要する資金に充てることを条件として政府以外の者から出えんされた金額の合計額に相当する金額をもってこれに充てるものとする。

（平21法23・旧第22条繰下）

（基金への補助金）

第47条　政府は、予算の範囲内において、指定支援法人に対し、基金に充てる資金を補助することができる。

（平21法23・旧第23条繰下）

（事業計画等）

第48条　指定支援法人は、毎事業年度、環境省令で定めるところにより、支援業務に関し事業計画書及び収支予算書を作成し、環境大臣の認可を受けなければならない。これを変更しようとするときも、同様とする。

2　指定支援法人は、環境省令で定めるところにより、毎事業年度終了後、支援業務に関し事業報告書及び収支決算書を作成し、環境大臣に提出しなければならない。

（平21法23・旧第24条繰下）

（区分経理）

第49条　指定支援法人は、支援業務に係る経理については、その他の経理と区分し、特別の勘定を設けて整理しなければならない。

（平21法23・旧第25条繰下）

（秘密保持義務）

第50条　指定支援法人の役員若しくは職員又はこれらの職にあった者は、第45条第1号若しくは第2号に掲げる業務又は同条第4号に掲げる業務（同条第1号又は第2号に掲げる業務に附帯するものに限る。）に関して知り得た秘密を漏らしてはならない。

（平21法23・一部改正・旧第26条繰下）

（監督命令）

第51条　環境大臣は、この章の規定を施行するために必要な限度において、指定支援法人に対し、支援業務に関し監督上必要な命令をすることができる。

（平21法23・旧第27条繰下）

（指定の取消し）

第52条　環境大臣は、指定支援法人が次の各号のいずれかに該当するときは、第44条第1項の指定を取り消すことができる。

一　支援業務を適正かつ確実に実施することができないと認められるとき。

二　この章の規定又は当該規定に基づく命令若しくは処分に違反したとき。

三　不正の手段により第44条第1項の指定を受けたとき。

（平21法23・一部改正・旧第28条繰下）

（公示）

第53条　環境大臣は、次に掲げる場合には、その旨を公示しなければならない。

一　第44条第1項の指定をしたとき。

二　第44条第2項の規定による届出を受けたとき。

三　前条の規定により第44条第1項の指定を取り消したとき。

（平21法23・追加）

第７章　雑　則

（報告及び検査）

第54条　環境大臣又は都道府県知事は、この法律の施行に必要な限度において、土壌汚染状況調査に係る土地若しくは要措置区域等内の土地の所有者等又は要措置区域等内の土地において汚染の除去等の措置若しくは土地の形質の変更を行い、若しくは行った者に対し、当該土地の状況、当該汚染の除去等の措置若しくは土地の形質の変更の実施状況その他必要な事項について報告を求め、又はその職員に、当該土地に立ち入り、当該土地の状況若しくは当該汚染の除去等の措置若しくは土地の形質の変更の実施状況を検査させることができる。

2　前項の環境大臣による報告の徴収又はその職員による立入検査は、土壌の特定有害物質による汚染により人の健康に係る被害が生ずることを防止するため緊急の必要があると認められる場合に行うものとする。

3　都道府県知事は、この法律の施行に必要な限度において、汚染土壌を当該要措置区域等外へ搬出した者又は汚染土壌の運搬を行った者に対し、汚染土壌の運搬若しくは処理の状況に関し必要な報告を求め、又はその職員に、これらの者の事務所、当該汚染土壌の積卸しを行う場所その他の場所若しくは汚染土壌の運搬の用に供する自動車その他の車両若しくは船舶（以下この項において「自動車等」という。）に立ち入り、当該汚染土壌の状況、自動車等若しくは帳簿、書類その他の物件を検査させることができる。

4　都道府県知事は、この法律の施行に必要な限度において、汚染土壌処理業者又は汚染土壌処理業者であった者に対し、その事業に関し必要な報告を求め、又はその職員に、汚染土壌処理業者若しくは汚染土壌処理業者であった者の事務所、汚染土壌処理施設その他の事業場に立ち入り、設備、帳簿、書類その他の物件を検査させることができる。

5　環境大臣又は都道府県知事は、この法律の施行に必要な限度において、その指定に係る指定調査機関に対し、その業務若しくは経理の状況に関し必要な報告を求め、又はその職員に、その者の事務所に立ち入り、業務の状況若しくは帳簿、書類その他の物件を検査させることができる。

6　環境大臣は、この法律の施行に必要な限度において、指定支援法人に対し、その業務若しくは経理の状況に関し必要な報告を求め、又はその職員に、その者の事務所に立ち入り、業務の状況若しくは帳簿、書類その他の物件を検査させることができる。

7　第1項又は第3項から前項までの規定により立入検査をする職員は、その身分を示す証明書を携帯し、関係者に提示しなければならない。

8　第1項又は第3項から第6項までの立入検査の権限は、犯罪捜査のために認められたものと解釈してはならない。

（平21法23・一部改正・旧第29条繰下、平26法51・一部改正）

（協議）

第55条　都道府県知事は、法令の規定により公共の用に供する施設の管理を行う者がその権原に基づき管理する土地として政令で定めるものについて、第3条第4項若しくは第8項、第4条第3項、第5条第1項、第7条第2項、第4項若しくは第8項又は第12条第5項の規定による命令をしようとするときは、あらかじめ、当該施設の管理を行う者に協議しなければならない。

（平21法23・一部改正・旧第30条繰下、平26法51・平29法33・一部改正）

（資料の提出の要求等）

第56条　環境大臣は、この法律の目的を達成するため必要があると認めるときは、関係地方公共団体の長に対し、必要な資料の提出及び説明を求めることができる。

2　都道府県知事は、この法律の目的を達成するため必要があると認めるときは、関係行政機関の長又は関係地方公共団体の長に対し、必要な資料の送付その他の協力を求め、又は土壌の特定有害物質による汚染の状況の把握及びその汚染による人の健康に係る被害の防止に関し意見を述べることができる。

（平21法23・旧第31条繰下）

（環境大臣の指示）

第57条　環境大臣は、土壌の特定有害物質による汚染により人の健康に係る被害が生ずることを防止するため緊急の必要があると認めるときは、都道府県知事又は第64条の政令で定める市（特別区を含む。）の長に対し、次に掲げる事務に関し必要な指示をすることができる。

一　第3条第1項ただし書の確認に関する事務

二　第3条第4項及び第8項、第4条第3項、第5条第1項、第7条第2項、第4項及び第8項、第12条第5項、第16条第4項、第19条、第24条、第25条並びに第27条第2項の命令に関する事務

三　第3条第6項の確認の取消しに関する事務

四　第5条第2項の調査に関する事務

五　第6条第1項の指定に関する事務

六　第6条第2項の公示に関する事務

七　第6条第4項の指定の解除に関する事務

八　第7条第1項の指示に関する事務

九　第7条第10項の汚染の除去等の措置に関する事務

十　第12条第1項第1号の確認に関する事務

十一　前条第2項の協力を求め、又は意見を述べることに関する事務

（平21法23・一部改正・旧第32条繰下、平26法51・平29法33・一部改正）

（国の援助）

第58条　国は、土壌の特定有害物質による汚染により人の健康に係る被害が生ずることを防止するため、土壌汚染状況調査又は要措置区域内の土地における汚染の除去等の措置の実施につき必要な資金のあっせん、技術的な助言その他の援助に努めるものとする。

2　前項の措置を講ずるに当たっては、中小企業者に対する特別の配慮がなされなければならない。

（平21法23・一部改正・旧第33条繰下）

（研究の推進等）

第59条　国は、汚染の除去等の措置に関する技術の研究その他土壌の特定有害物質による汚染により人の健康に係る被害が生ずることを防止するための研究を推進し、その成果の普及に努めるものとする。

（平21法23・旧第34条繰下）

（国民の理解の増進）

第60条　国及び地方公共団体は、教育活動、広報活動その他の活動を通じて土壌の特定有害物質による汚染が人の健康に及ぼす影響に関する国民の理解を深めるよう努めるものとする。

2　国及び地方公共団体は、前項の責務を果たすために必要な人材を育成するよう努めるものとする。

（平21法23・旧第35条繰下）

（都道府県知事による土壌汚染に関する情報の収集、整理、保存及び提供等）

第61条　都道府県知事は、当該都道府県の区域内の土地について、土壌の特定有害物質による汚染の状況及びその汚染による人の健康に係る被害が生ずるおそれに関する情報を収集し、整理し、保存し、及び適切に提供するよう努めるものとする。

2　都道府県知事は、公園等の公共施設若しくは学校、卸売市場等の公益的施設又はこれらに準ずる施設を設置しようとする者に対し、当該施設を設置しようとする土地が第4条第3項の環境省令で定める基準に該当するか否かを把握させるよう努めるものとする。

（平21法23・追加、平29法33・一部改正）

（有害物質使用特定施設を設置していた者による土壌汚染状況調査への協力）

第61条の2　有害物質使用特定施設を設置していた者は、当該土地における土壌

汚染状況調査を行う指定調査機関に対し、その求めに応じて、当該有害物質使用特定施設において製造し、使用し、又は処理していた特定有害物質の種類等の情報を提供するよう努めるものとする。

（平29法33・追加）

（経過措置）

第62条　この法律の規定に基づき命令を制定し、又は改廃する場合においては、その命令で、その制定又は改廃に伴い合理的に必要と判断される範囲内において、所要の経過措置（罰則に関する経過措置を含む。）を定めることができる。

（平21法23・旧第36条繰下）

（権限の委任）

第63条　この法律に規定する環境大臣の権限は、環境省令で定めるところにより、地方環境事務所長に委任することができる。

（平17法33・追加、平21法23・旧第36条の2繰下）

（政令で定める市の長による事務の処理）

第64条　この法律の規定により都道府県知事の権限に属する事務の一部は、政令で定めるところにより、政令で定める市（特別区を含む。）の長が行うこととすることができる。

（平21法23・旧第37条繰下）

第8章　罰　則

第65条　次の各号のいずれかに該当する者は、1年以下の懲役又は100万円以下の罰金に処する。

一　第3条第4項若しくは第8項、第4条第3項、第5条第1項、第7条第2項、第4項若しくは第8項、第12条第5項、第16条第4項、第19条、第24条、第25条又は第27条第2項の規定による命令に違反した者

二　第7条第6項又は第9条の規定に違反した者

三　第22条第1項の規定に違反して、汚染土壌の処理を業として行った者

四　第23条第1項の規定に違反して、汚染土壌の処理の事業を行った者

五　不正の手段により第22条第1項の許可（同条第4項の許可の更新を含む。）又は第23条第1項の変更の許可を受けた者

六　第26条の規定に違反して、他人に汚染土壌の処理を業として行わせた者

（平21法23・一部改正・旧第38条繰下、平26法51・平29法33・一部改正）

第66条　次の各号のいずれかに該当する者は、3月以下の懲役又は30万円以下の罰金に処する。

一　第3条第5項若しくは第7項又は第23条第3項若しくは第4項の規定による届出をせず、又は虚偽の届出をした者
二　第4条第1項又は第12条第1項の規定に違反して、届出をしないで、又は虚偽の届出をして、土地の形質の変更をした者
三　第16条第1項又は第2項の規定に違反して、届出をしないで、又は虚偽の届出をして、同条第1項本文又は第2項に規定する搬出をした者
四　第17条の規定に違反して、汚染土壌を運搬した者
五　第18条第1項（同条第3項において準用する場合を含む。）又は第22条第7項の規定に違反して、汚染土壌の処理を他人に委託した者
六　第20条第1項（同条第2項（同条第9項において準用する場合を含む。）及び第9項において準用する場合を含む。）の規定に違反して、管理票を交付せず、又は同条第1項に規定する事項を記載せず、若しくは虚偽の記載をして管理票を交付した者
七　第20条第3項前段又は第4項（これらの規定を同条第9項において準用する場合を含む。）の規定に違反して、管理票の写しを送付せず、又はこれらの規定に規定する事項を記載せず、若しくは虚偽の記載をして管理票の写しを送付した者
八　第20条第3項後段（同条第9項において準用する場合を含む。）の規定に違反して、管理票を回付しなかった者
九　第20条第5項、第7項又は第8項（これらの規定を同条第9項において準用する場合を含む。）の規定に違反して、管理票又はその写しを保存しなかった者
十　第21条第1項又は第2項の規定に違反して、虚偽の記載をして管理票を交付した者
十一　第21条第3項の規定に違反して、送付をした者
（平21法23・一部改正・旧第39条繰下、平26法51・平29法33・一部改正）

第67条　次の各号のいずれかに該当する者は、30万円以下の罰金に処する。
一　第12条第4項の規定による届出をせず、又は虚偽の届出をした者
二　第22条第8項の規定に違反して、記録せず、若しくは虚偽の記録をし、又は記録を備え置かなかった者
三　第50条の規定に違反した者
四　第54条第1項若しくは第3項から第6項までの規定による報告をせず、若しくは虚偽の報告をし、又はこれらの規定による検査を拒み、妨げ、若しくは忌避した者
（平21法23・一部改正・旧第40条繰下、平26法51・平29法33・一部改正）

第68条　法人の代表者又は法人若しくは人の代理人、使用人その他の従業者が、その法人又は人の業務に関し、前3条（前条第3号を除く。）の違反行為をしたときは、行為者を罰するほか、その法人又は人に対して各本条の罰金刑を科する。

（平21法23・一部改正・旧第41条繰下、平29法33・一部改正）

第69条　次の各号のいずれかに該当する者は、20万円以下の過料に処する。

一　第7条第9項の規定による報告をせず、又は虚偽の報告をした者

二　第12条第2項若しくは第3項、第16条第3項、第20条第6項（同条第9項において準用する場合を含む。）又は第40条の規定による届出をせず、又は虚偽の届出をした者

（平29法33・全改）

附　則

（施行期日）

第１条　この法律は、公布の日から起算して9月を超えない範囲内において政令で定める日から施行する。〔平成14年政令第335号で同15年2月15日から施行〕ただし、次条の規定は、公布の日から起算して6月を超えない範囲内において政令で定める日から施行する。〔平成14年政令第335号で同年11月15日から施行〕

（準備行為）

第２条　第3条第1項の指定及びこれに関し必要な手続その他の行為は、この法律の施行前においても、第10条から第12条まで及び第15条の規定の例により行うことができる。

2　第20条第1項の指定及びこれに関し必要な手続その他の行為は、この法律の施行前においても、同項及び同条第2項並びに第24条第1項の規定の例により行うことができる。

（経過措置）

第３条　第3条の規定は、この法律の施行前に使用が廃止された有害物質使用特定施設に係る工場又は事業場の敷地であった土地については、適用しない。

（政令への委任）

第４条　前2条に定めるもののほか、この法律の施行に関して必要な経過措置は、政令で定める。

（検討）

第５条　政府は、この法律の施行後10年を経過した場合において、指定支援法人の支援業務の在り方について廃止を含めて見直しを行うとともに、この法律の施行の状況について検討を加え、その結果に基づいて必要な措置を講ずるものとする。

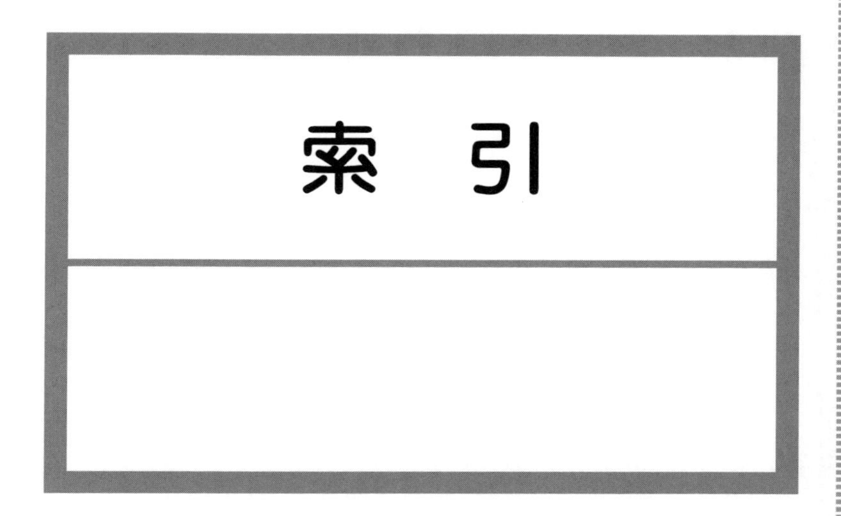

索　引

事 項 索 引

【あ】

【い】

【う】

【お】

【か】

【き】

【く】

【け】

【こ】

【さ】

【す】

【せ】

【そ】

【た】

【ち】

【つ】

【て】

【と】

【へ】

【ほ】

【ま】

【み】

【め】

【も】

【ゆ】

【よ】

【り】

【ろ】

<著者略歴>
小澤　英明（おざわ　ひであき）

1956年　長崎県生まれ
1978年　東京大学法学部卒業
1980年　東京弁護士会弁護士登録
1985年　東京大学大学院工学修士（都市工学）
1991年　コロンビア・ロー・スクールLL.M.修了
1992年　NY州弁護士資格取得
1996年－2017年　西村あさひ法律事務所パートナー
2018年　小澤英明法律事務所開設（https://oz-landlaw.jp/）

（主要著書）
「企業不動産法〔第2版〕」（商事法務・2018年）
「温泉法」（白揚社・2013年）
「土壌汚染対策法と民事責任」（白揚社・2011年）

土壌汚染土地をめぐる法的義務と責任

令和元年８月７日　初版発行

著者　小　澤　英　明
発行者　新日本法規出版株式会社
代表者　星　謙一郎

発行所　新日本法規出版株式会社
本社総轄本部　(460-8455)　名古屋市中区栄１－23－20
電話　代表　052(211)1525
東京本社　(162-8407)　東京都新宿区市谷砂土原町２－６
電話　代表　03(3269)2220
支社　札幌・仙台・東京・関東・名古屋・大阪・広島
高松・福岡
ホームページ　http://www.sn-hoki.co.jp/

ISBN978-4-7882-8599-6
5100074　土壌汚染責任